广东省地质勘查与城市地质专项成果(2021-3,2022-21,2024-16)

南方丘陵山地带生态地质调查与应用研究

NANFANG QIULING SHANDIDAI SHENGTAI DIZHI DIAOCHA YU YINGYONG YANJIU

广东省地质调查院 编著

刘子宁 窦 磊 贾 磊 朱 鑫 莫 滨
赵立波 赵 艺 陈 恩 刘 洪 欧阳渊 主编

图书在版编目(CIP)数据

南方丘陵山地带生态地质调查与应用研究/广东省地质调查院编著;刘子宁等主编.—武汉:中国地质大学出版社,2024.10.—ISBN 978-7-5625-6114-9

Ⅰ.P562

中国国家版本馆 CIP 数据核字第 2025UD7653 号

南方丘陵山地带生态	广东省地质调查院 编 著
地质调查与应用研究	刘子宁 窦 磊 贾 磊 等主编

责任编辑:舒立霞	选题策划:江广长 段 勇	责任校对:徐蕾蕾

出版发行:中国地质大学出版社(武汉市洪山区鲁磨路388号)		邮编:430074
电 话:(027)67883511	传 真:(027)67883580	E-mail:cbb@cug.edu.cn
经 销:全国新华书店		http://cugp.cug.edu.cn
开本:787mm×1092mm 1/16		字数:247 千字 印张:9.75
版次:2024 年 10 月第 1 版		印次:2024 年 10 月第 1 次印刷
印刷:湖北睿智印务有限公司		
ISBN 978-7-5625-6114-9		定价:98.00 元

如有印装质量问题请与印刷厂联系调换

前 言

党的十八大以来,以习近平同志为核心的党中央把生态文明建设摆在全局工作的突出位置。新时代新征程对地质工作提出了新的要求,在深入推进绿美广东生态建设、打造人与自然和谐共生的广东样板工作探索中,广东省自然资源厅依托广东省地质勘查与城市调查专项,部署实施了南岭国家公园生态保护区生态地质调查试点示范项目,旨在为国土空间规划与用途管制、山水林田湖草沙整体保护与系统修复等提供理论指导和技术支撑。

通过近3年的工作实践,以现代地球系统科学理论为指导,通过地质测量、地球化学勘查、遥感监测等多学科研究方法的交替、渗透、综合应用,梳理了以广东韶关乳源为典型的南方丘陵山地带的主要生态地质问题,查明了区域生态地质条件,综合评价了区域生态地质脆弱性,对南方丘陵山地带的石漠化成因机理、典型历史遗留矿山生态修复和天然富硒土地资源开发利用等进行了创新性探索。在分析和研究典型南方丘陵山地带地质条件与生态系统的相互作用机制的基础上,初步构建了一套适用于南方丘陵山地带的生态地质调查与评价方法理论体系。本书的主要内容由上述成果提炼而成。

本书共分为8章,由刘子宁统稿完成。具体分工如下:第一章 绪论,简要介绍了南方丘陵山地带及本次研究区自然地理条件,由刘子宁、赵艺执笔;第二章 生态地质调查方法概述,简述生态地质调查的基本工作方法,由刘子宁、欧阳渊执笔;第三章 生态地质背景,从生态地质条件角度,详述各地质要素与生态环境的相互作用机制,由刘子宁、窦磊执笔;第四章 主要生态地质问题调查评价,主要梳理了乳源地区的生态地质问题,并有针对性地作出评价,由刘子宁、莫滨执笔;第五章 生态地质分区,在划分成土母质单元和地表基质单元的基础上,划定生态地质单元,进行生态地质分区,由刘子宁、刘洪执笔;第六章 生态地质脆弱性与分区评价,通过筛选生态地质条件、生态地质问题等指标,对生态地质脆弱性进行评价,由贾磊、赵立波执笔;第七章 生态地质调查研究与应用,针对研究区主要生态地质问题,开展石漠化成因机理和历史遗留矿山生态修复探索研究,并在生态地质调查的基础上,提出天然富硒土地资源调查的新方法,由刘子宁、陈恩执笔;第八章 国土空间用途管制及生态保护修复建议,在生态地质调查的基础上,为国土空间规划与用途管制、山水林田湖草沙整体保护与系统修复提供科学依据和地球系统科学解决方案,由窦磊、朱鑫执笔。

本书的编写工作是在广东省地质调查院的关心领导下完成的。在统编定稿的过程中,广东省地质局赖启宏教授级高级工程师、游远航教授级高级工程师,提出了宝贵的意见和建议,在此一并表示衷心的感谢！

在本书编写过程中，我们深感生态地质学作为一门新兴的交叉学科，其调查研究具有极强的探索性。因此，我们在调查方法、图件编制和成果表达等方面，均进行了新的尝试，但限于笔者现有水平，书中不足之处在所难免，热忱希望各位专家读者批评指正！

编　者

2024 年 6 月 30 日

目 录

第一章 绪 论 ······(1)
  第一节 南方丘陵山地带 ······(1)
  第二节 自然地理条件 ······(3)

第二章 生态地质调查方法概述 ······(5)
  第一节 资料收集 ······(5)
  第二节 遥感地质解译 ······(5)
  第三节 生态地质条件调查 ······(7)
  第四节 样品加工及测试分析 ······(14)

第三章 生态地质背景 ······(18)
  第一节 地形地貌特征 ······(18)
  第二节 区域地质背景 ······(20)
  第三节 水文地质特征 ······(25)

第四章 主要生态地质问题调查评价 ······(30)
  第一节 石漠化 ······(30)
  第二节 水土流失 ······(36)
  第三节 历史遗留矿山地质环境问题 ······(42)
  第四节 土壤环境质量 ······(44)

第五章 生态地质分区 ······(54)
  第一节 成土母质单元划分 ······(54)
  第二节 地表基质单元划分 ······(57)
  第三节 成土母质与地表基质单元对生态环境的制约 ······(61)
  第四节 四级生态地质分区 ······(67)

第六章 生态地质脆弱性与分区评价 ······(71)
  第一节 生态地质脆弱性评价 ······(71)
  第二节 生态地质分区评价 ······(94)

第七章 生态地质调查研究与应用 ······(101)
  第一节 石漠化成因机理研究 ······(101)
  第二节 历史遗留矿山生态修复探索 ······(117)
  第三节 天然富硒土地资源调查应用 ······(129)

第八章　国土空间用途管制及生态保护修复建议 …………………………………（138）
　　第一节　国土空间用途管制建议 ……………………………………………（138）
　　第二节　生态保护修复建议 …………………………………………………（140）
主要参考文献 ……………………………………………………………………（146）

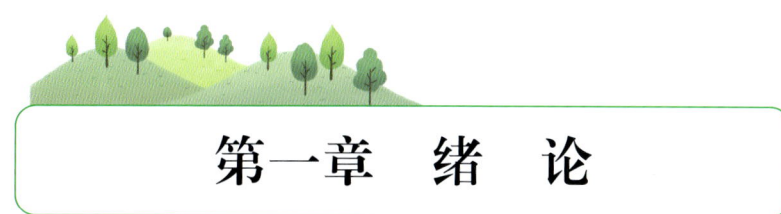

第一章 绪 论

第一节 南方丘陵山地带

一、南方丘陵山地带的划定

南方丘陵山地带主要涉及广东、福建、湖南、江西、广西五省(区),含南岭山地森林及生物多样性国家重点生态功能区和武夷山等重要山地丘陵区。本区具有世界同纬度带上面积最大、保存最完整的中亚热带森林生态系统,是我国南方的重要生态安全屏障,也是我国重要的动植物种质基因库。在该区带开展生态地质调查,对细化落实国家南方丘陵山地带生态保护和修复重大工程部署、推进生态文明建设具有积极意义。

二、工作范围与选区依据

广东省韶关市乳源瑶族自治县,地处广东省北部,韶关市西北部,南岭山脉骑田岭南麓,东临韶关市浈江区、武江区,西接清远市阳山县,南连曲江区罗坑镇、英德市波罗镇,北与乐昌市及湖南省郴州市宜章县相接,地理坐标介于东经112°52′—113°28′,北纬24°28′—25°09′之间,县域总面积约2299km^2(图1-1)。在全国生态功能区划中,乳源属于南岭山地水源涵养与生物多样性保护重要区,是粤北生态保护区的重要组成部分和珠三角重要饮用水源北江上游地。乳源属于国家四大重大战略中"粤港澳大湾区"的粤北生态屏障区,也是广东"一核一带一区"战略发展中的生态文明建设重大战略实施区,在该地区开展生态地质调查与研究,对提升生态环境质量、保护生物多样性以及涵养区域水源具有重要的积极意义。

乳源是全国重要生态系统保护和修复重大工程规划布局——南方丘陵山地带的重要组成部分,处于拟建南岭国家公园生态保护区的核心区域,生态区位重要,也拥有得天独厚的自然地理条件优势。区内保存着完整的亚热带常绿阔叶林系统,拥有多样的生物基因,形成了丰富多样的地质特色和生态风景;保持着地理环境的自然性、生态系统的原始性、生物种类的原生性、自然遗迹和景观的原真性;孕育着完备的生态系统:由森林生态系统、草地生态系统,过渡到湿地生态系统、农田生态系统和城镇生态系统,是开展生态地质调查与研究的理想区域。

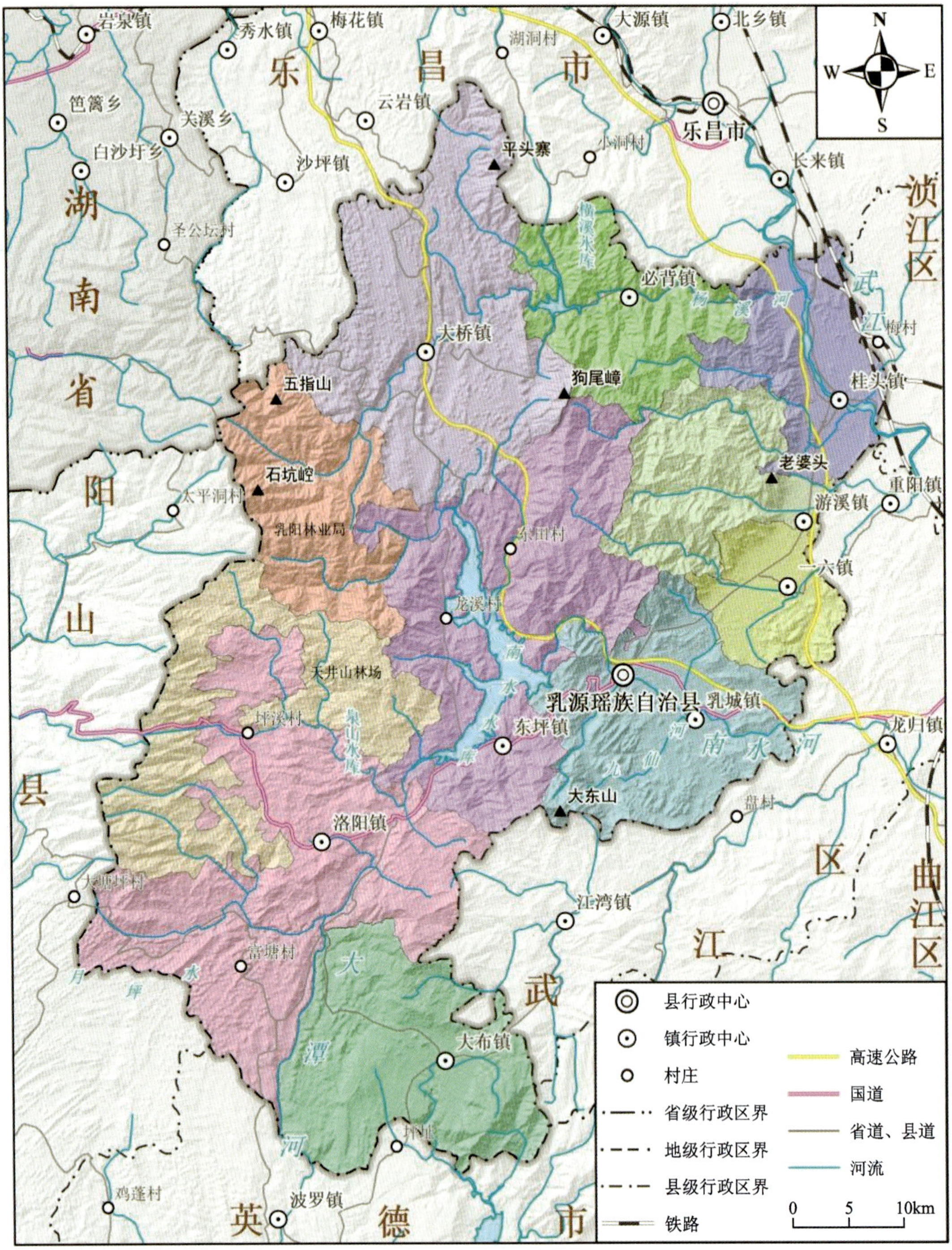

图 1-1 调查区交通位置图

第二节　自然地理条件

一、地势地貌

区内地势西北高、东南低,自西向东倾斜。五指山、平头寨、大东山、瑶山狗尾嶂、老婆头等五大山脉横亘,山峦连绵,交错纵横。海拔 1000～1500m 的山峰 82 座,1500～1902m 的山峰 20 座,南粤第一山峰——石坑崆(猛坑石),坐落于西北部边缘。东部有老婆头山,主峰老婆头海拔 1241m;南部有大东山,东西横亘,主峰大东山海拔 1390m;西北部有五指山,南北走向,与湖南宜章县交界处的主峰石坑崆海拔 1902m,为广东省第一高峰;北部有瑶山主峰狗尾嶂和平头寨山,其中狗尾嶂海拔 1684m,东西走向的平头寨山,主峰平头寨山海拔 1534m。

地貌方面,地处新构造间歇上升地区,境内溶蚀地貌显著,地形切割强烈,山谷生成明显。以纵横划分,西部是海拔 1000～1902m 的山区,是调查区的最高地带;中部是海拔 600～1200m 的山区,是次高地带;东北部至东南部是海拔 300m 以下的丘陵平原地带。山溪小流密布县境西部和北部山区,9 条主要河流纵横县境。

二、水文气候

调查区集雨总面积为 869km^2,长 104km,平均坡降为 4.83‰,最大流量 481m^3/s,平均流量 27.9m^3/s。其中集雨面积大于 100km^2 的河流有 4 条:①由东北角乐昌流入,经桂头镇流向韶关的武江河;②发源于调查区西北部与阳山交界的丫叉顶,由西向东流入南水水库,穿过乳源县城,汇入北江的乳江河(又称南水河);③发源于区境西北面与湖南省宜章县交界的猛坑石东麓,由西北向东南经大坪、大桥、必背、桂头,流入武江的杨溪河;④发源于天井山北麓的蚁岩,由北向南流经洛阳、大布,汇入英德市的大潭河。其余集雨面积为 50～100km^2 的河流有 9 条。区内有大型的南水水库,控制面积为 608km^2,总库容为 12 1500×10^{4}m^3;中型的泉水水库,控制面积为 189km^2,总库容为 2160×10^{4}m^3。

调查区地处中亚热带季风性湿润气候区,全区气候温和,四季分明,年平均气温 20.6℃。春季气温极不稳定,冷暖交替频繁,空气较潮湿,平均气温为 19.5℃;夏季呈现高温,平均气温为 27.8℃;秋季往往出现阴雨连绵的天气,平均气温为 21.3℃;冬季多呈现干冷少雪,平均气温为 10.8℃。一般最高温度出现在 7 月,最低温度出现在 1 月。

三、矿产资源

调查区矿产共发现有 28 种,矿床 69 处,矿化点 25 个,主要是铁、铜、铅、锌、钨、锡、铋、锑、汞、金、稀土(钇族)、钽铌、锗、铀、烟煤、无烟煤、泥炭土、耐火黏土、硅、萤石、水晶、硫、磷、重晶石、锰等。

四、动植物资源

区内林地属广东省动植物科考研究基地之一。境内发现野生植物共计 216 科 946 属

2572种，其中蕨类植物43科100属211种，裸子植物9科22属32种，被子植物164科824属2329种，约占广东省已查明野生维管束植物总数的36%。发现野生动物多达1500种，较大的野生动物700多种，其他较小的野生昆虫类超过1100种。

五、森林、草原、湿地

根据第三次全国国土调查数据，调查区中林地面积为1 930.72 km²，占总面积的83.98%，其中以乔木林地面积最大，为1 668.16 km²；湿地面积73.74 km²，占总面积的3.21%；草地面积27.79 km²，占总面积的1.21%。调查区林地、草地、湿地种类及面积见表1-1。

表1-1 调查区林地、湿地、草地种类及面积

林地		湿地		草地	
种类	面积(km²)	种类	面积(km²)	种类	面积(km²)
灌木林地	10.04	河流水面	21.46	其他草地	27.79
乔木林地	1 668.16	坑塘水面	8.66		
其他林地	225.25	内陆滩涂	1.56		
竹林地	27.27	水库水面	42.06		

第二章　生态地质调查方法概述

第一节　资料收集

生态地质调查以地球表层系统为研究对象,涉及多圈层相互作用和多学科知识体系,资料整理与综合研究,对于从地球系统科学视角探究地质-生态-环境之间的关联十分重要,资料收集与综合研究始终贯穿于生态地质调查全过程。

收集调查区各类基础地质、地球物理、地球化学、遥感地质、水文地质、环境地质、工程地质、地质灾害等基础性地质调查(研究)报告及图件;多年气温、降雨量等气象资料;流域分布、水文、水资源及开发利用现状和历史等水文水资源资料;林业、农业、土壤调查(研究)等农林业基础资料;地形地貌、第三次全国国土调查、地理国情情况等基础性地理资料;国土空间规划、自然保护区规划、森林公园规划和区域功能区划等行政规划类资料;植被调查(清查)、土地利用调查、土地覆被类型、森林覆盖率、土壤侵蚀情况、水土流失情况等生态环境类资料;湖泊水库监测数据以及社会经济发展数据资料。

除上述列举资料外,在调查过程中,随时补充收集与生态地质调查和评价相关的各类资料。在资料收集、整理和综合研究的基础上,编制生态地质基础图件,如交通位置图,地形地貌图,地质简图,建造构造图,地球物理图(航磁、卫星重力等),主要元素地球化学图,成土母质图,土壤类型图,气温分布图,降雨情况分布图,流域图,植被覆盖分布,植被类型图,规划区、自然保护区分布图和森林公园分布图等。分析确定影响区域生态变化的主要因素,为构建生态地质评价模型、开展区内生态地质综合评价工作奠定基础。

第二节　遥感地质解译

一、遥感数据源选择

根据不同的应用目的,综合考虑工作区面积、工作比例尺、历史数据获取难易、数据成本、遥感数据分辨率等多种因素,本次工作选用了哨兵2A和高分六号(GF06)2种卫星遥感数据。

二、图像处理与制图

本次工作获得的遥感数据已进行了辐射校正,因此,遥感图像处理步骤主要包括波段合成、几何校正、图像融合、图像镶嵌和图像增强处理等。

（一）坐标系与投影

本次工作采用2000国家大地坐标系，1985国家高程基准，高斯-克吕格投影，1∶25万、1∶5万遥感影像图采用6°分带，影像图制作参照《遥感影像平面图制作规范》（GB/T 15968—2008）执行。

（二）波段合成

哨兵2A卫星数据采用4(R)3(G)2(B)真彩色合成，国产高分六号卫星数据采用3(R)2(G)1(B)真彩色合成，这样的波段组合方式所呈现的效果更接近于自然色，符合人眼的视觉习惯，基于此波段组合制作的影像图，不仅便于地面调查人员使用，还有利于开展目视解译工作。

（三）几何校正

本次工作选用的卫星影像都是多中心投影方式。凡是中心投影的图像均会因地形起伏而产生投影差（即像点位移），在山区表现尤为明显。本次遥感解译的工作区恰恰处于地形起伏十分明显的山区，这就使得原始的遥感影像进行正射校正尤其重要。正射校正的原理和几何校正差不多，但正射校正有其自身的特点：用于正射校正的地面控制点必须具有高程信息；进行正射校正时必须利用数字高程模型（digital elevation model，DEM）。在遥感图像处理软件中采用影像＋DEM＋GCP的模式，进行正射校正。

（四）图像融合

为了获得更高分辨率的多光谱图像，必须进行图像融合处理，使融合后的图像既具有较高的空间细节表现能力，又保持多光谱图像的光谱特征，以提高遥感图像的解译能力。哨兵2A卫星数据无全色影像，无须融合，高分六号采用自动融合算法进行融合。融合图像基本保留了多光谱图像的光谱信息，而同时具有了全色图像的空间信息，图像中的纹理细节显示更清楚，各种地物的光谱信息及纹理特征都得到了较好的显示，效果较好。

（五）图像镶嵌

本次工作采用基于地理坐标的无缝镶嵌方法对各景图像按原分辨率进行镶嵌。由于遥感图像接收的时间不尽相同，相邻景之间的色调存在一些差异。为了图像镶嵌后色调过渡自然，特别重视了镶嵌线的选取，所有的镶嵌线都选择了沿某一自然地物如河流、山脉等的走向布设，使拼接缝掩蔽在地形、地貌中。在保证信息最丰富的前提下，尽量选择云、雪覆盖最少，地物最为接近的地方作为镶嵌线，并设置了一定宽度的平滑带，同时，还进行了颜色匹配，使镶嵌线两侧的图像色调基本一致，以达到无缝镶嵌的要求。

（六）图像增强

本次工作主要从光谱信息增强和空间信息增强两个方面进行图像增强处理。光谱信息

增强主要进行了反差扩展、彩色增强、亮度和对比度调整等处理,从而易于目视解译。

(七)整饰与制图

将图名、比例尺、坐标注记、公里格网、经纬网、图廓线、地理要素等,按照相关制图图式要求叠加到图像上,同时进行了必要的整饰,达到各类遥感影像图注记既清楚明了,又未覆盖主要地物,图面整洁、美观,图式相符的效果。

三、遥感解译

遥感解译主要采取机助目视解译手段,在 MapGIS 6.7、ArcGIS 等软件平台上进行,并综合运用直判法、对比法、邻比法和综合判断法 4 种解译方法。归一化植被指数采用计算机数字图像手段通过波段运算提取。遥感解译严格遵循了"熟悉工作区地质资料→野外实地踏勘→建立遥感解译标志→初步解译→野外调查验证→详细解译"程序,先易后难,循序渐进。

第三节 生态地质条件调查

一、生态地质路线调查

开展生态地质路线调查,目的是摸清调查区的生态地质条件、调查梳理调查区生态地质问题、采集野外样品、收集分析相关生态地质要素。调查工作包括野外调查和图件编制两方面的内容。

(一)野外调查

在充分收集已有资料和遥感解译的基础上,划分成土母质单元、土壤质地单元,进行初步的生态地质分区,有针对性且目标明确地确定实地调查的内容、路线以及重点区段的生态地质条件和主要生态问题。野外调查的工作方法主要有 GPS 定点、填卡式调查、代码化调查、实地影像资料数字化、现场勘查、样品采集、土壤垂直剖面、信手剖面图等,主要调查内容如下。

1. 地形地貌调查

地形地貌调查主要包括地形地貌类型和空间分布特征。

2. 地质体调查

地质体调查主要服务于生态地质分区的划分。调查主要包括地质体类型和空间展布特征:地层产状、岩石结构构造、露头状况、风化程度、裂隙发育程度、第四系的分布特征和成因类型等。

3. 土壤生态状况调查

调查对象针对广义的土壤定义(成土母质层+土壤层),土壤生态状况调查主要包括以下几个方面。

1）土壤理化性质调查

土壤物理性质调查包括土壤质地、土壤粒度、颗粒分析、土壤容重、土壤干湿度等。

土壤化学性质调查主要包括土壤中重金属元素、养分元素含量及 pH 值等，分析测试指标由调查具体任务确定。

2）土壤厚度调查

土壤厚度包括土壤 A、B、C 层，通过天然土壤剖面测量或人工开挖浅井进行测量。

3）土壤侵蚀调查

土壤侵蚀主要为水蚀、风蚀和人为侵蚀，根据土壤发生层的侵蚀程度进行分级，一般分为五级，标准如下。

无明显侵蚀：A、B、C 三层剖面保持完整。

轻度侵蚀：A 层保留厚度大于 1/2，B、C 层完整。

中度侵蚀：A 层保留厚度小于 1/2，B、C 层完整。

强度侵蚀：A 层无保留，B 层开始裸露，受到剥蚀。

剧烈侵蚀：A、B 层全部剥蚀，C 层出露，受到剥蚀。

4）成土母质调查

成土母质是土壤形成的物质基础，是岩石的风化产物。现场判定成土母质类型，如紫红色砂页岩类风化物、花岗岩风化物、第四纪松散沉积物等，确定调查点母质层厚度。

4. 植物生态状况调查

植被调查采用遥感解译与野外路线调查相结合的方法，包括大面积的轮廓调查和路线调查。

大面积的轮廓调查：主要是野外核对遥感解译的植物群落的边界轮廓是否准确。

路线调查：跟随生态地质路线调查，于每一个调查点位，详细记录土地利用类型、植被类型、优势种、植被发育程度、植被根系类型等信息。

5. 水文地质灾害地质调查

根据区内水文地质与地质灾害工作程度，结合项目经费情况，主要以收集资料为主，辅以少量补充调查。区内较为突出的生态地质环境问题主要体现在矿山环境问题、地表水污染和区域性缺水、地域性内涝、地质灾害几个方面。本次调查在充分梳理前人已有工作的基础上，对典型的地质灾害风险点进行描述记录。

6. 生态地质路线剖面编制

生态地质路线剖面在路线调查基础上编制。该剖面应反映不同地质、地形地貌、生态、土壤、植被类型等生态环境地质信息。在地质路线信手剖面的基础上，填绘植被与生态类型，并采集岩、土、水样进行物化分析，研究岩-土-水中的主要目标元素的变化迁移机理和生态环境效应。

7. 调查精度

各类生态地质条件分布范围,凡能在图上表示出其面积和形状者,应实地勾绘在图上或根据遥感解译检验结果,经野外核实后勾绘在图上,不能表示实际面积、形状者,用规定的符号表示;观测点和取样点密度取决于地区类别与工作区交通地理状况、地质地貌条件的复杂程度,遥感可解译程度以能控制生态地质条件为原则。

(二)生态地质调查路线样品采集

在生态地质路线调查点采集土壤化学和土壤质地分析样品。选取土质层较厚且垂向分层明显的点位进行分层,主要采集点位垂向剖面上部的土壤层(包括腐殖层+有机质层+淀积层),不采集成土母质层。将土壤层由上至下充分均匀采集混合,土壤样品原始质量大于2000g,以路线点位号+样品性质代号命名,例如土壤化学样品为LX01-1H,土壤质地样品为LX01-Z。为便于野外质量检查和异常检查,各调查采样点均建立醒目、易找的牢固标志,标志用红油漆写在取样点附近的基岩、大转石、大树干、电杆、房屋等处,写明样品编号,书写正确、工整。标志要便于查找,建标过程要考虑山洪、人为破坏等因素,还应做好保护标志的宣传工作;对无法建标的在记录卡备注栏中加以说明。所有采样点均用相机或智能手机拍照4张[周边环境、取样剖面(坑)、样品形态、标志等],每天野外工作完成后,将照片导出并重命名保存,文件名称为对应样品号+拍照顺序号。

调查采样小组每日采样结束后,填好样品清单并将样品交野外样品加工组加工。交接时双方要对样品数量、质量、样品清单进行核对,确定无误后分别在样品清单上签字。对编号不清、质量不足、样袋破损、受玷污的样品,组织重新采集。

(三)生态地质路线编制

利用路线调查点记录表和素描图所记录的重要信息,刻画生态地质现状的水平及垂向分带,区域调查比例尺采用1∶250 000,重点工作区采用1∶50 000。剖面图上反映了地质体、成土母质、土壤、土地覆被等信息,在调查点上以"开天窗"的形式展示调查点土壤构型照片、植被覆盖照片、土壤垂向剖面等信息(图2-1)。

二、生态地质调查垂向剖面

(一)剖面测制

生态地质剖面测制目的是确定各成土母质单元垂向结构,查明其物质组成、理化性质,研究其由岩到土的地表作用过程等,提高对生态地质属性的认知。根据生态地质环境初步分区框架,在小区域单元内选择有代表性的、能够揭示出调查单元内生态系统与地质环境间内在联系的、反映调查单元的生态环境地质特点的地段,测绘生态地质垂向剖面,突出反映植被-岩石-土壤的依存关系,力求做到每一个生态地质剖面具真正的代表性。

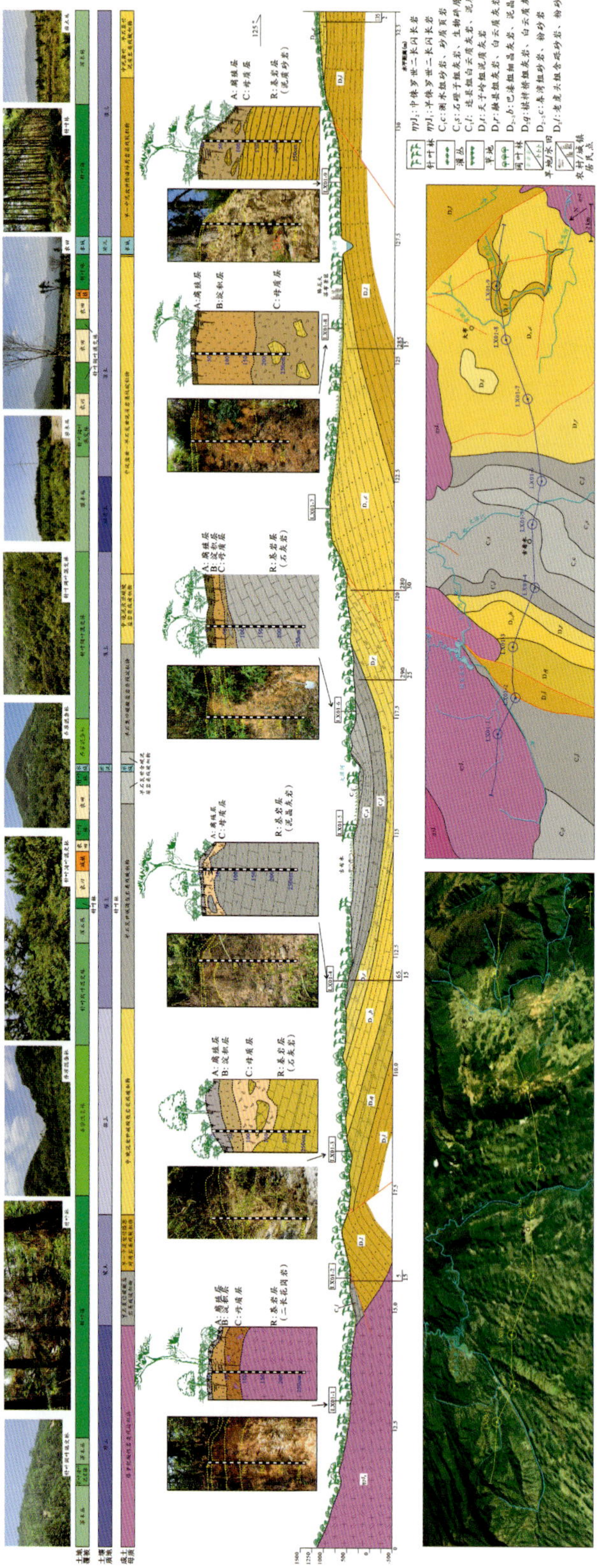

图 2-1 乳源源江村东—叠水河生态地质路线图

本次剖面比例尺根据实际情况,确定为1:200,覆盖了调查区大部分成土母质类型。选取岩石-成土母质-土壤构型完整,并具有代表性的地段测制。与主要依靠收集钻孔资料的平原地区不同,在丘陵山地区选用自然或人工露头作为剖面观测点,同时辅以必要的剥土或浅井作业,深度以达到基岩为准。剖面分层以基本土壤发生层为基础,主要划分岩石层(R)、成土母质层(C)、淀积层(B)和腐殖层+有机质层(A+O),在其内部根据质地、成分及其他特征作进一步划分。

实测剖面的野外作业完毕后,及时进行资料整理和样品处理。对各项实测数据进行计算,对各种样品进行分析鉴定。进一步整理、研究剖面资料,根据室内鉴定成果对野外资料进行修正补充,绘制有关图件,编写剖面小结。

剖面调查信息参考路线地质调查点,填写剖面记录卡。剖面记录主要包括地表基质类型、成因类型、质地及矿物组成、湿度、酸碱度、样品、素描、照片等内容,并绘制生态地质剖面图(图2-2)。

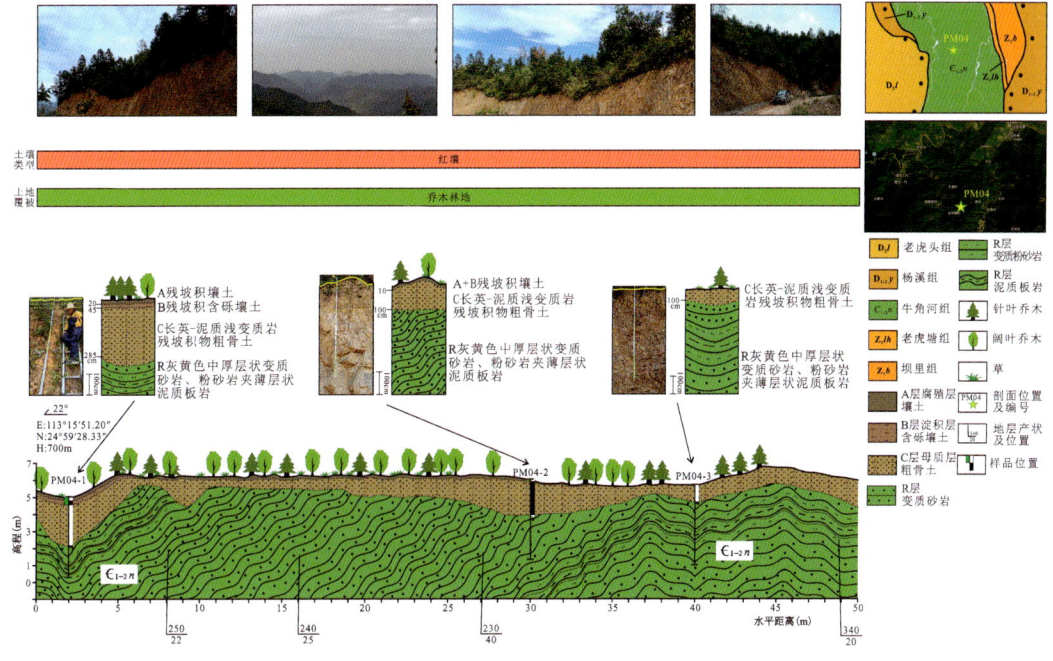

图2-2　生态地质剖面图表达形式

(二)生态地质调查垂向剖面样品采集

测制生态地质综合剖面时,在剖面中选取3~5处具有代表性的位置进行垂向剖面样品采集。主要选取土质层较厚且垂向分层明显的垂向剖面进行分层样品采集,并兼顾产状、构造发育、植被覆盖等要素差异。采用手持GPS定位垂向剖面采集点,并在采样点附近用红油漆作标记。

按分层控制取样:主要在垂向剖面中的①土壤层(腐殖层+有机质层+淀积层)、②成土母质层、③基岩层中采集各类样品。化探分析样品则由上至下分别采集腐殖层＋有机质层、淀积层、成土母质层和基岩层(由表至深编号依次为 PM01-1A、PM01-1B、PM01-1C、PM01-1R),土壤样品原始质量应大于 1000g;土壤质地样品则将全部由土壤层从上至下充分均匀采集混合(编号为 PM01-1Z),土壤样品原始质量应大于 2000g;土壤容重样品用环刀采集土壤层中 100cm³ 土壤样品,用密封袋保存(编号为 PM01-1RZ)。

三、天然富硒土地资源调查

利用韶关市土壤环境背景值调查项目成果,以成土母质单元精确圈定富硒土地为调查范围,探索开展富硒土地资源调查新路径,剖析土壤富硒特征,开发利用天然富硒土地资源。

(一)土壤样品采集

1. 采样点布设

在第三次全国国土调查图斑的基础上,借助高清遥感影像图,以大型田埂为界线,对农用地图斑加以分割,划分地块,每一个地块布设 1 件土壤样,所有土壤样点针对农用地布设,样点布设于地块中心。

2. 样点采集技术要求

土壤样品的采样深度为 0～20cm。

采集样品严格按照《土地质量地球化学评价规范》(DZ/T 0295—2016)执行。

采用"一点多坑"采样方法,在布设的采样点上,以 GPS 定位点为主样坑,向四周辐射确定 2～3 个分样点,等分组合成一个混合样。主样和子样同一地块内采集,子样距主样距离为 10～30m。主样坑通常位于地块中心,采样地块为长方形时,采用"S"形采集子样点;采样地块近似正方形时,采用"X"形或"棋盘"形采集子样点。

野外采样时每个主样坑、子样坑的采样部位、采样深度及样品质量保持一致。采集时去除地表杂物,垂直采集 0～20cm 深处的土柱,保证了上下均匀采集。样品去除草根、石块、虫体等杂物。采样时避开沟渠、林带、田埂、路边、旧房基、粪堆及微地形高低不平无代表性地段。

3. 采样记录及编号

采用专门、统一的记录卡,实地调查并记录影响土地质量的其他指标,如土壤质地、土地利用、土壤颜色等内容。在底图上对采样地块单元从左向右、自上而下连续顺序编号。样品编号:代号＋样点顺序号。

4. 样品加工及送样

样品摆放在通风、防雨、防潮、整洁卫生的样品仓库进行晾晒风干,经干燥揉碎后充分过 10 目尼龙筛,弃掉筛上部分,将筛下部分拌匀收集于塑料瓶和纸袋中,每过完一个样品用毛刷清理样品筛和碎样区域,防止样品交叉污染,加工后的样品重复过筛时,筛上残留量不超过1g。纸袋中装入分析样,样重大于200g,送广东省地质实验测试中心分析。

(二)农作物样品采集

本次调查区,大宗作物主要为水稻和黄豆。样品采集时,在采样点30~50m半径范围内,以梅花形采集5~10个点,每个点取10~15株合并为一个样,采集完后晾干脱壳送样,干样重1.0~1.5kg。对种植田块的土壤特性、周围环境等做仔细调查和记录,并初步调查水稻的品种、产量、施肥等情况。样品编号:代号+点位号+农产品样标识(ZW)。

四、矿山生态保护与修复调查

调查区北部现存一座历史遗留的大理岩采石场废弃地,该采石场于2008年开采,2016年关停。2018年1月,在该采石场下游水系采集河漫滩样品时,发现存在严重的砷超标,砷含量达1323mg/kg,超出韶关市地方标准约10倍、国家标准40倍。本次调查,有针对性地部署土壤剖面、底泥和植物样品,对矿场的影响范围和程度进行调查。

(一)土壤剖面

垂直矿区下游水系径流方向,布置土壤剖面,采集土壤样品,样品位置由高到低依次为残积物、坡积物、河漫滩沉积物。

(二)底泥

在矿区下游水系按照《地球化学普查规范(1∶50 000)》(DZ/T 0011—2015)要求,采集水系沉积物样品,追溯重金属来源,控制影响范围。

(三)植物样

1. 蜈蚣草

蜈蚣草是我国首次发现的超富集植物,对砷具有很强的富集作用。本次调查工作,采集蜈蚣草样品4件,对照植物高羊茅草1件、马尾松枯枝1件、豚草1件。

2. 树木年轮地球化学样品

选择树龄21年的杉树,按年轮分层采集21件树木年轮地球化学样品,重塑矿山土壤重金属含量历史变化。

五、水质分析

水文分析调查的目的是揭示区域水文地质规律,查找与地下水有关的环境地质问题,提高水文地质调查程度和研究水平,评价地下水对生态环境的影响。本次调查在收集前期区域水文地质调查成果的基础上,根据调查区的基岩裂隙水类型和成土母质单元划分,将区内的三大类地下水细分为碎屑岩类裂隙水、浅变质岩类裂隙水、块状岩类裂隙水、碳酸盐岩类裂隙溶洞水和松散岩类孔隙水5类,并有针对性地采集了样品,作水质全分析。

水质全分析测试项目包括常规项目、金属项目、铁离子和侵蚀性CO_2等45项。

(1)原水(常规项目):2L聚四氟乙烯瓶。用原水洗瓶子2~3遍,装满原水(有效期24h)。

(2)酸化水(金属项目):250mL聚四氟乙烯瓶。用0.45μm的滤膜过滤水样,将采样瓶用过滤的水样(不能用原水润洗)润洗2遍后装样,加入2.5mL(1+1)硝酸摇匀(保证pH<2)(有效期7d,现场添加保护剂)。

(3)Fe^{2+}和Fe^{3+}:100mL聚四氟乙烯瓶,取水样后加(1+1)硫酸溶液1mL,硫酸铵0.2~0.4g,送实验室检测(有效期30d,现场添加保护剂)。

(4)侵蚀性CO_2:250mL聚四氟乙烯瓶,取水样后加入约2g经过纯制的碳酸钙,轻摇助溶,瓶内应留有10~20mL容积的空间,密封(有效期30d,现场添加保护剂)。

第四节　样品加工及测试分析

一、样品加工及分析项目

(一)样品加工

用于土壤物理分析的样品,对照所送样品编号和试验项目逐个逐项进行检查验收后,将原状土壤样品及时送样,室内保存时间不超过3周。

进行化学分析的岩石、母质、土壤等样品,晾干和加工场地应确保无污染,对从野外采回的样品及时进行清理、登记后,置于干净整洁的室内通风场地晾干,或于阴凉处悬挂在样品架上自然风干,严禁暴晒和烘烤,并注意防止雨淋及被酸、碱等气体和灰尘污染。母质及土壤在风干过程中,适时翻动,并将大土块用木棒敲碎以防止黏结成块,加速干燥,同时剔除杂物。

(二)测试分析

垂向剖面的岩石样品进行岩矿分析主要测试Cd、Pb、Hg、Cr、As、Cu、Zn、Ni、Se、Cl、S、Mo、B、F、I、N、P_2O_5、K_2O、CaO、Na_2O、MgO、Al_2O_3、SiO_2、TFe共24项。

调查路线及垂向剖面的土壤样品的化探分析主要测试pH值、有机质、总碳、Cd、Pb、Hg、Cr、As、Cu、Zn、Ni、Se、Cl、S、Mo、B、F、I、N、P、K、Ca、Na、Mg、Al、Si、Fe共27项。土壤的物理分析主要测试土壤质地、土壤容重2项。

富硒土地土壤样品化探分析主要测试pH值、有机质、Cd、Pb、Hg、Cr、As、Cu、Zn、Ni、Se、N、P、K共14项。

农作物样品主要测试As、Cd、Pb、Hg、Cr、Se共6项。

矿区土壤剖面和底泥化探分析主要测试Cd、Pb、Hg、Cr、As、Cu、Zn、Ni、pH值共9项。

矿区植物样品主要测试Cd、As、Pb共3项。

水质分析测试项目包括常规项目、金属项目、铁离子和侵蚀性CO_2等45项。

二、样品分析方法

（一）土壤样品

根据《地质矿产实验室测试质量管理规范》（DZ/T 0130—2006）和《地球化学普查规范（1∶50 000）》（DZ/T 0011—2015）等标准、规范要求，以波长色散 X 射线荧光光谱法、电感耦合等离子体质谱法、电感耦合等离子体原子发射光谱法、原子荧光光谱法、发射光谱法、容量法和离子选择电极法等方法组合成先进、准确度和精密度高的分析体系与配套方案（表 2-1）。

表 2-1 测试分析方法配套方案

测定项目	标准规范编号	分析方法
As	DZ/T 0279.13—2016	原子荧光光谱法
Hg	DZ/T 0279.17—2016	
Se	DZ/T 0279.14—2016	
Na_2O、MgO、Al_2O_3、SiO_2、K_2O、CaO、Fe_2O_3、P、Pb、Zn、(Cu、Ni)	DZ/T 0279.1—2016	波长色散 X 射线荧光光谱法
Cl	DZ/T 0279.10—2016	
S	HJ 780—2015	
Cr、Cu、Ni、(K_2O、P、Zn)	DZ/T 0279.2—2016	电感耦合等离子体原子发射光谱法
B（大于 200 μg/g）	JY/T 0567—2020	
Pb	DZ/T 0279.3—2016	电感耦合等离子体质谱法
Cd	DZ/T 0279.5—2016	
Mo	DZ/T 0279.7—2016	
B	DZ/T 0279.11—2016	发射光谱法
TC	DZ/T 0279.25—2016	红外吸收光谱法
N	DZ/T 0279.29—2016	容量法
有机质	DZ/T 0279.27—2016	
F	DZ/T 0279.21—2016	离子选择电极法
pH 值	DZ/T 0279.34—2016	
I	GDWL/E-HJ-003-2021	比色法
土壤质地	GB/T 50123—2019	筛析法和密度计法
容重	GB/T 50123—2019	环刀法
29 个项目		11 种方法

备注：括号中项目对应方法为补充验证方案。

(二)岩石样品

根据《地质矿产实验室测试质量管理规范》(DZ/T 0130—2006)的要求,结合样品的性质和含量以及项目类别,采用原子荧光光谱法、X射线荧光光谱法、电感耦合等离子体质谱法、电感耦合等离子体原子发射光谱法、发射光谱法、原子吸收光谱法、比色法、容量法、重量法和离子选择电极法等方法组合成先进、准确度和精密度高的分析体系与配套方案(表2-2)。

表 2-2 测试分析方法配套方案

测定项目	标准规范编号	分析方法
SiO_2	GB/T 14506.3—2010 (>90.36%)	重量法
Na_2O、MgO、Al_2O_3、SiO_2、K_2O、CaO、Fe_2O_3、P_2O_5	GB/T 14506.28—2010	X射线荧光光谱法
SiO_2、Fe_2O_3、P_2O_5、Al_2O_3	DZG 20.01—1991	比色法
Al_2O_3、CaO、MgO	DZG 20.01—1991	容量法
MgO、Na_2O、K_2O	DZG 20.01—1991	原子吸收光谱法
S	DZG 20.01—1991	容量法
	GB/T 14506.13—2010	容量法
Cl	DZ/T 0279.10—2016	X射线荧光光谱法
N	DZ/T 0279.29—2016	容量法
Pb	DZ/T 0279.3—2016	电感耦合等离子体质谱法
Cd	DZ/T 0279.5—2016	
Mo	DZ/T 0279.7—2016	
Cu、Zn、Cr、Ni	DZ/T 0279.2—2016	电感耦合等离子体原子发射光谱法
B	JY/T 0567—2021 (>200μg/g)	电感耦合等离子体原子发射光谱法
	DZ/T 0279.11—2016	发射光谱法
F	DZ/T 0279.21—2016	离子选择电极法
I	GDWL/E-HJ-003—2021	比色法
As	DZ/T 0279.13—2016	原子荧光光谱法
Hg	DZ/T 0279.17—2016	
Se	DZ/T 0279.14—2016	
24个项目		16种方法

（三）生物样品

根据中国地质调查局《生态地球化学评价样品分析技术要求（试行）》（DD 2005-03）等标准、规范要求，以电感耦合等离子体质谱法（ICP-MS）和原子荧光光谱法（AFS）等方法组合成先进、正确度和精密度高的分析体系与配套方案（表 2-3）。

表 2-3 生物样品分析测试配套方案

分析方法	指标数（项）	测定元素
电感耦合等离子体质谱法（ICP-MS）	4	As、Cd、Cr、Pb
原子荧光光谱法（AFS）	2	Hg、Se

（四）水样品

根据《地下水质分析方法》（DZ/T 0064—2021）、《水质 65 种元素的测定 电感耦合等离子体质谱法》（HJ 700—2014）、《水质 32 种元素的测定 电感耦合等离子体发射光谱法》（HJ 776—2015）、《水和废水监测分析方法》（第四版）（增补版）和《地质矿产实验室测试质量管理规范》（DZ/T 0130—2006）对水质样品进行分析和质量监控，选择符合元素检出限要求的分析方法。

三、分析测试质量

分析测试工作由具有国家检验检测机构资质认定证书（CMA）的广东省地质实验测试中心承担，以密码形式插入的国家一级标准物质（GBW 系列）与试样同时分析，进行质量控制。通过分析方法的检出限、准确度、精密度、重复性检验合格率和异常抽查合格率等控制分析测试质量。结果合格率均为 100％，满足质量控制要求。

第三章 生态地质背景

生态地质背景是地形地貌、构造与结构、成土母质(岩)、土壤、地表水与地下水等对生态有影响的地质要素的总称,是开展生态地质调查研究的基础和前提。

第一节 地形地貌特征

调查区地处南岭山脉南麓,地势由西北向东南倾斜。区内西北部、西部峰峦环峙,总体上属中低山丘陵区,西北部溶蚀地貌显著,是粤北韶关市主要石灰岩地区之一。东北部属丘陵地带,河流两岸地势平缓。区内1000m以上山峰102座,主要山体有北部呈东西走向的平头寨山、瑶山主峰狗尾嶂,南部东西横亘大东山,北部石坑崆主峰,海拔1902m,是广东省境内最高峰。根据地貌成因类型和形态特征,将区内地貌分为5种类型:侵蚀剥蚀中山、侵蚀剥蚀低山、溶蚀侵蚀低山、溶蚀侵蚀丘陵、侵蚀平原(图3-1)。

一、侵蚀剥蚀中山

侵蚀剥蚀中山分布于调查区西部的洛阳镇五指山、中部必背镇一带,面积约400km²。山顶标高1000~1902m,最大标高1902m(石坑崆主峰),相对高差500~900m,沟谷深切呈"V"字形,自然坡度40°~50°,植被较发育。构成山体的地层岩性较为复杂,主要由侏罗纪二长花岗岩、泥盆纪碎屑岩、震旦纪及寒武纪变质岩等构成,基岩多裸露,残坡积层厚一般小于1.0m,部分坡脚地带厚2~4m,岩浆岩区风化层厚度一般大于5m,其他地层强风化层厚度一般为2~5m。

二、侵蚀剥蚀低山

侵蚀剥蚀低山主要分布于调查区东侧天门坳、洛阳镇西南角一带,面积相对较小。山顶标高一般为500~800m,相对高差为200~700m,沟谷大都呈"V"字形,山坡坡度一般为30°~40°,植被较发育。山体主要由泥盆纪碎屑岩构成,残坡积层厚度一般为1~5m,强风化层厚度一般为2~5m。

三、溶蚀侵蚀低山

溶蚀侵蚀低山主要分布于调查区东侧一六镇南部和洛阳镇西南角一带,面积相对较小,与侵蚀剥蚀低山分布范围相似。山顶标高一般为500~800m,相对高差为200~700m,沟谷大都呈"V"字形,山坡坡度一般为30°~40°,植被较发育。山体主要由石炭纪碳酸盐岩构成,残坡积层厚度一般为1~5m,强风化层厚度一般为2~5m。

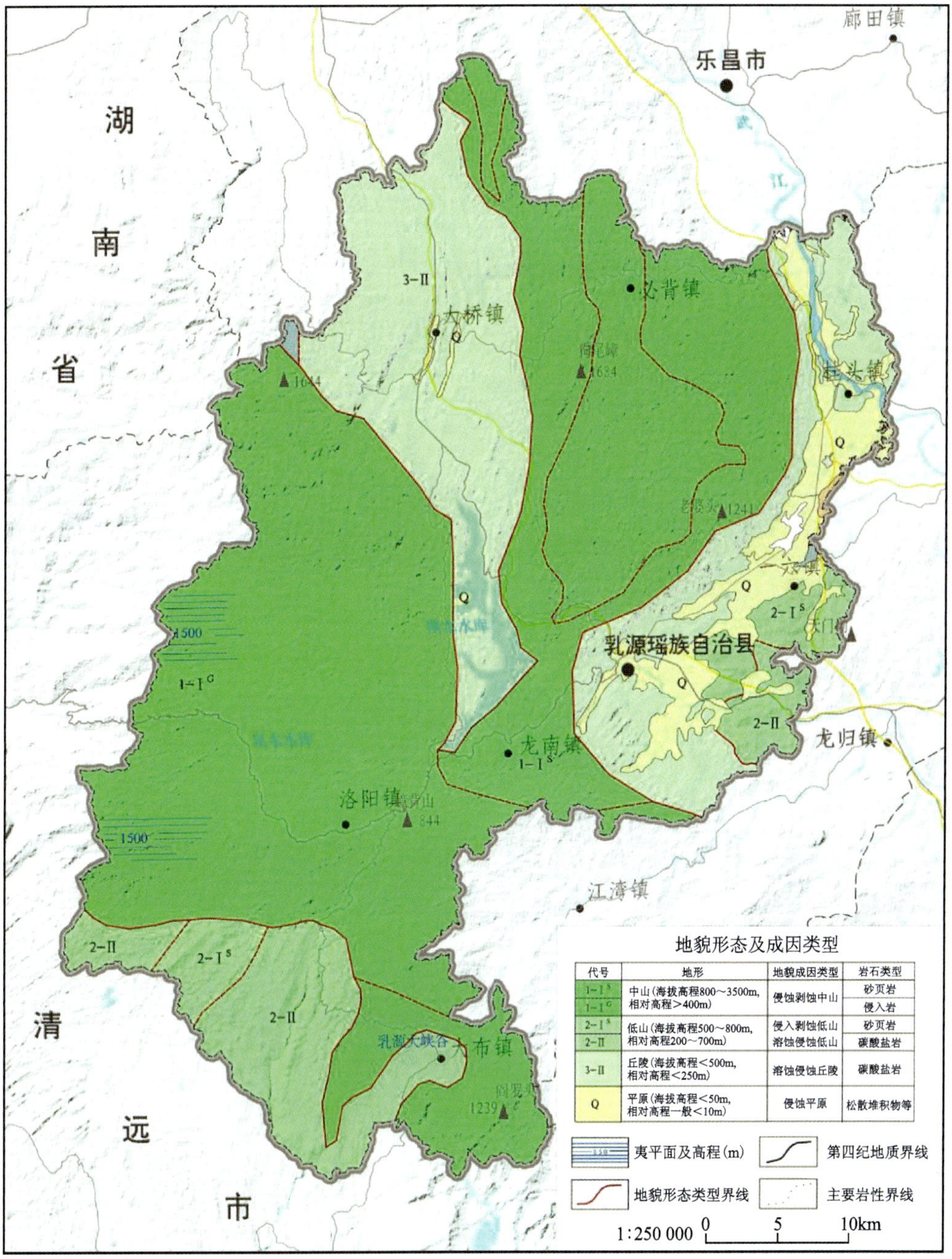

图 3-1 调查区地势地貌图

四、溶蚀侵蚀丘陵

溶蚀侵蚀丘陵主要分布于北部大桥镇一带、乳源县城周边。丘顶标高一般为200～500m，相对高差一般小于250m，丘谷平缓呈"U"字形，山坡坡度一般小于25°，植被较发育。

出露的地层主要为石炭纪碳酸盐岩,残坡积层主要发育在山坡下部,山坡中、上部基岩多裸露,强风化层厚度一般为2~4m,部分基岩裸露地段小于1m。

五、侵蚀平原

侵蚀平原主要分布于武江河、南水河等河流两岸,面积为211.30km²,占全县总面积的9.19%。分布的地层主要为全新统冲积层,厚2~20m,部分地段按其形成时期和相对高程,可分为Ⅰ级、Ⅱ级阶地。

第二节 区域地质背景

一、地层

调查区隶属华南地层大区的东南地层区的桂湘赣地层分区,分属韶关地层小区及阳山小区,区内地层发育较为齐全,从老到新出露有震旦系、寒武系、泥盆系、石炭系、二叠系、三叠系、侏罗系和第四系(图3-2)。

(一)震旦系

震旦系在区内主要出露坝里组(Z_1b)和老虎塘组(Z_2lh),分布于调查区东北部必背镇一带,出露面积较小。坝里组岩性为灰色、灰绿色变余长石石英杂砂岩、凝灰质砂岩、粉砂岩与砂质板岩、千枚岩等。老虎塘组岩性组合为细粒砂岩—粉砂岩(或粉砂质板岩)—板岩、硅质岩的基本层序,顶部为中厚层硅质岩、条带状硅质岩。

(二)寒武系

寒武系在区内主要出露牛角河组($C_{1-2}n$),分布于调查区北部必背镇以南的中山区域。岩性由灰黑色、灰绿色、青灰色中厚层状—薄层条带状粉砂质泥质板岩、绿帘绢云板岩、绢云千枚岩、粉砂岩夹变质细粒长石石英杂砂岩、碳质千枚岩、硅质岩等组成。

(三)泥盆系

泥盆系在区内大面积出露,由南部大布镇向北至桂头镇一线的东侧均有广泛的分布。地层从老到新如下。

杨溪组($D_{1-2}y$):砾岩、砂砾岩夹砂岩、粉砂岩,以含有复成分砾岩为特征。与下伏地层呈角度不整合接触。

老虎头组(D_2l):灰白色石英质砾岩、含砾砂岩、粉砂岩及粉砂质页岩。

易家湾组(D_2yj):泥岩、粉砂质泥岩、粉砂岩、钙质页岩等,局部夹泥灰岩或生物碎屑灰岩,岩层呈薄层状或条带状,水平层理发育。

棋梓桥组(D_2q):灰白色、灰黑色巨厚—厚层状灰岩,夹白云质灰岩及白云岩。

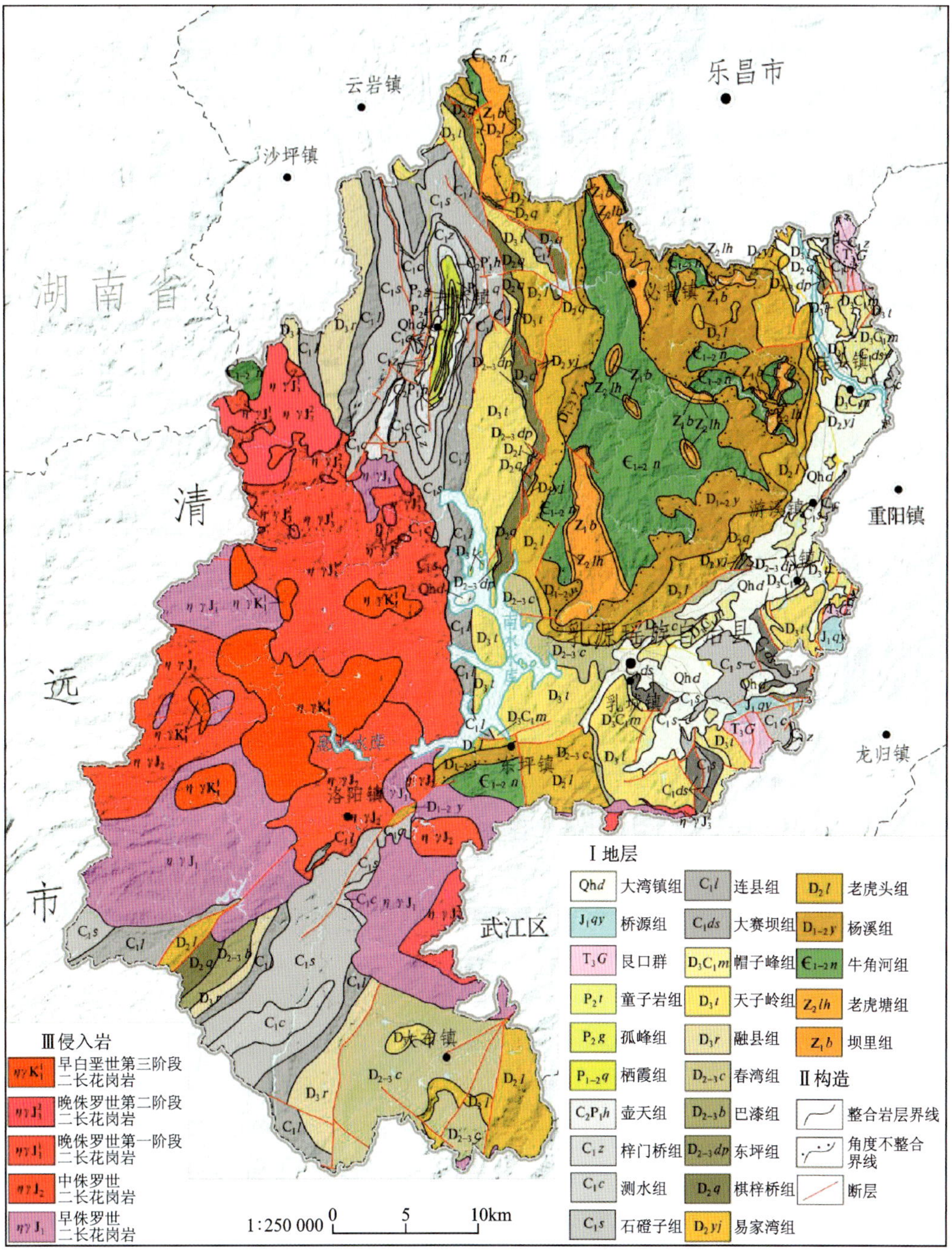

第三章 生态地质背景

图 3-2 调查区地质图

东坪组（$D_{2-3}dp$）：以灰黑色、灰色中薄—薄层状钙质泥岩、钙质粉砂质泥岩为主，夹钙质碳质泥岩、泥质粉砂质泥晶灰岩或生物屑泥晶灰岩透镜体等。

巴漆组（$D_{2-3}b$）：灰黑—深灰色中层状含碳含硅质条带细晶灰岩、厚层状泥晶灰岩。

春湾组（$D_{2-3}c$）：以细碎屑岩为主，夹泥质岩、钙质泥岩和薄层状灰岩。

融县组(D_3r)：浅灰色厚层状泥晶灰岩、白云质灰岩和白云岩。

天子岭组(D_3t)：灰黑色、灰褐色中薄—中厚层状泥质灰岩、生物碎屑灰岩、碳质灰岩及少量粉砂质泥岩、碳质泥岩、页岩。

帽子峰组(D_3C_1m)：钙泥质粉砂岩、粉砂质泥岩，夹石英砂岩。

（四）石炭系

石炭系在区内主要分布在大桥镇以及大布镇以西，在乳源地区东部一六镇也有成片面积分布，主要出露地层如下。

大赛坝组(C_1ds)：粉砂质泥岩、泥质粉砂岩，夹灰岩、泥灰岩、钙质泥岩。

连县组(C_1l)：灰黑色厚层块状白云质灰岩和白云岩，夹薄—中厚层状泥质灰岩。

石磴子组(C_1s)：深灰色、灰黑色中—厚层状灰岩、生物碎屑灰岩、燧石灰岩。

测水组(C_1c)：灰白色、黄褐色石英质砂岩、砂质页岩，夹碳质页岩及煤层。

梓门桥组(C_1z)：深灰色、黑色灰岩及白云岩。

壶天组(C_2P_1h)：以灰白色厚层状白云岩及白云质灰岩为主，含少量燧石结核。

（五）二叠系

区内二叠系主要出露栖霞组($P_{1-2}q$)、孤峰组(P_2g)、童子岩组(P_2t)，出露面积较小，仅见于大桥镇周边。

栖霞组($P_{1-2}q$)：以黑色、深灰色中—厚层状灰岩、白云质灰岩为主，含燧石团块。

孤峰组(P_2g)：以灰色、灰黑色中—薄层状细砂岩、粉砂岩、页岩为主，夹碳质页岩、硅质岩，含大量磷铁质结核。

童子岩组(P_2t)：灰褐色、黄褐色、浅红色中—薄层状泥岩、粉砂岩、细砂岩，夹煤层。

（六）三叠系

区内三叠系出露地层为艮口群(T_3G)，主要见于乳源地区乳城镇以东，岩性以灰黑色细粒砂岩及粉砂岩为主，底部夹砾岩，往上夹粉砂质页岩及碳质页岩和煤层。

（七）侏罗系

侏罗系仅一六镇南东见极小面积出露，出露地层为桥源组(J_1qy)。

桥源组：紫灰色、深灰色、灰黑色中、细粒长石石英砂岩及粉砂岩和泥岩呈不等厚互层，夹少量粗粒砂岩、煤层及煤线。

（八）第四纪松散沉积物

区内第四系为大湾镇组(Qhd)，主要位于河道两岸，为一套内陆河流相的松散堆积物，包括黄白色、灰白色、黄褐色松散堆积砾石层、砂砾层、含砾砂层、含砂黏土等。

二、岩浆岩

区内侵入岩较发育，主要分布于南水水库西侧洛阳镇一带，其他地方有零星分布，分布面积约 690km²，约占调查区面积的 30.0%。侵入岩时代主要为侏罗纪，少量为白垩纪，岩性以二长花岗岩为主。

(一) 早侏罗世二长花岗岩 ($\eta\gamma J_1$)

该期次侵入岩分布于洛阳镇岩体南部，出露面积较大，呈岩株、岩基状产出，与泥盆纪、石炭纪地层呈侵入接触关系，侵入面呈舒缓波状、弯曲状，外倾，倾角一般为 40°～70°，有时接触面上见有伟晶岩脉，围岩接触变质现象明显。岩石学特征：灰白色、细—中粗粒似斑状花岗结构，属粗粒—细粒的结构演化，块状构造。斑晶 15% 左右。钾长石呈他形粒状，具卡氏双晶，正条纹结构发育，见有石英和斜长石包体；斜长石呈半自形—他形板柱状，具绢云母化、聚片双晶发育；石英呈他形粒状，表面干净，具波状消光；黑云母呈自形—半自形鳞片状，部分蚀变为绿泥石和白云母。各侵入体之间为结构演化，呈渐变过渡接触关系。

(二) 中侏罗世二长花岗岩 ($\eta\gamma J_2$)

该期次侵入岩主要分布于大布镇北部岩体中，其接触围岩为早侏罗世花岗岩，主要岩性为浅灰黄色、浅肉红色、肉红色中粒斑状黑云母二长花岗岩，岩石具似斑状结构，块状构造。岩石多发生钠长石化、弱云英岩化。斑晶成分以钾长石为主，少量的石英，含量为 7%～15%。钾长石斑晶呈自形板状、板柱状，部分具卡氏双晶，常见微纹状钠长石条纹连晶，格子双晶较少见，属微纹长石；石英斑晶呈近圆状，常为单晶石英，部分为石英聚晶，个别具溶蚀结构，石英单晶内部干净明亮，无变形，波状消光弱或无。斑晶大小一般介于 (0.5～0.8)cm×(1.0～1.4)cm 之间。基质具花岗结构，矿物成分主要由钾长石、斜长石、石英和黑云母组成。

(三) 晚侏罗世第一阶段二长花岗岩 ($\eta\gamma J_3^1$)

该期次侵入岩出露面积相对较大，主要出露于洛阳镇岩体北部，出露在 1:5 万乳阳林业局幅南西，由多个侵入体组成，呈近东西向展布，呈岩基状产出。主要岩性为粗中粒—中粒斑状黑云母二长花岗岩，岩石呈灰白色，风化后呈浅红色，具似斑状结构，局部为连斑结构。岩石具块状构造。斑晶主要为钾长石，偶见斜长石。钾长石斑晶占 5%～20%，较为粗大，以他形边界为主，少量为宽板状，边界平直，大小多为 (0.6～1)cm×(1～2)cm，多见卡式双晶，大多数钾长石斑晶见文象结构，主要为豆状石英、滴状石英嵌于钾长石内交代形成，形成钾长石为基底、石英为筛眼的文象结构，斑晶内部交代火焰状、不规则状、条纹状钠长石结构发育，见格子双晶及钠长石条纹连晶结构，为微纹微斜长石。

该岩体侵入早石炭世的灰岩、砂页岩中，极少部分侵入寒武纪变质细粒长石石英砂岩、泥质板岩中。岩体侵入的最新地层为上石炭统壶天组灰岩。岩体与寒武纪碎屑岩接触界线附近见角岩化现象，与石炭纪灰岩接触时容易形成矽卡岩化、大理岩化。岩体中局部见有围岩捕房体（测水组碎屑岩），捕房体明显角岩化。该期侵入体被大东山岩体的其他期次花岗岩侵入。

（四）晚侏罗世第二阶段二长花岗岩（$\eta\gamma J_3^2$）

该期次侵入岩出露面积相对较小，主要零星出露于洛阳镇北部，其他地方有零星出露，其接触围岩为泥盆纪地层和晚侏罗世第一阶段花岗岩，接触面呈舒缓波状。岩石特征：灰白色，细—中粗粒似斑状花岗结构，属粗粒—细粒的结构演化，块状构造。斑晶15%左右。钾长石呈他形粒状，具卡氏双晶，正条纹结构发育，见有石英和斜长石包体；斜长石呈半自形—他形板柱状，具绢云母化，聚片双晶发育；石英呈他形粒状，表面干净，具波状消光；黑云母呈自形—半自形鳞片状，部分蚀变为绿泥石和白云母。

（五）早白垩世第三阶段二长花岗岩（$\eta\gamma K_1^1$）

该期次侵入岩出露面积不大，呈多点式岩株产出，岩体内部该期侵入岩侵入于早侏罗世二长花岗岩和中侏罗世二长花岗岩中，关系截然，侵入界面附近岩石粒度变细，形成细粒边，而早期侵入岩内则出现较窄钾化、绿泥石化带。岩性为细粒黑云母二长花岗岩，岩石通常为浅灰白色、浅灰黄色，呈细粒花岗结构、文象结构，块状构造。矿物成分主要由钾长石、斜长石、石英和黑云母组成，岩石中有极少量的钾长石、石英斑晶。岩石特征：灰色或浅肉红色，细粒似斑状花岗结构，属细粒—粗粒的结构演化，块状构造。斑晶5%～10%，斑晶斜长石±7%，石英±3%，少量黑云母和钾长石；基质斜长石32%～35%、钾长石30%～33%、石英25%～30%、黑云母2%～5%，个别样品偶见少量角闪石。钾长石呈他形粒状，泥化强，具卡氏双晶，正条纹结构发育，见有石英和斜长石包体；斜长石呈半自形—他形板柱状，具绢云母化，聚片双晶发育；石英呈他形粒状，表面干净，具波状消光；黑云母呈自形—半自形鳞片状，部分蚀变为绿泥石和白云母。副矿物种类主要有磁铁矿、锐铁矿、锆石、石榴子石等，其中石榴子石含量高。

三、构造

调查区历史上经历过多次构造旋回，地质构造复杂，褶皱、断裂构造十分发育。近南北向与北东向构造线相连构成重要的大地构造分区界线，北西侧为怀集地块，东侧为韶关地块。在中泥盆世—早石炭世，怀集地块与韶关地块沉积分异作用明显。怀集地块沉积碳酸盐岩，主要为浅海碳酸盐台地；韶关地块以陆源碎屑岩为主，夹少量碳酸盐岩，主要为滨海潮坪及河口三角洲环境。

（一）褶皱构造

区内褶皱发育，变形机制复杂，既有以弯曲滑动为主导的等厚褶皱，又有以压扁作用为主、流变作用为次的不等厚褶皱。褶皱赋存于地层中，区域上常被断裂切割和岩浆侵入破坏而残缺不全，区内褶皱主要为加里东期北西向褶皱，包括蒙眼坑顶倒转背斜、细坑倒转背斜等；印支期形成近南北向褶皱，包括调查区西北部紧闭的大桥向斜，南部大布镇的宽缓向斜，以及东北必背镇—乳城镇一带的大型宽缓背斜。

（二）断裂构造

区内断裂发育，以北东向断裂为主，包括吴川-四会断裂带（大布-周田断裂组）和阳山-乳源地区断裂带等；南北向断裂集中出现于调查区北部，构造位置相当于前人所述的粤北山字形构造脊柱部位，为大桥-石牯塘断裂带；北西向、东西向断裂零星分布，总体上这些断裂以脆性变形为主。

第三节　水文地质特征

一、地下水类型及特征

区内地下水类型根据其形成自然条件、运移规律、赋存空间特征，大体可划分为三大类，即基岩（块状岩、碎屑岩）裂隙水、碳酸盐岩类裂隙溶洞水和松散岩类孔隙水等。其中以基岩裂隙水分布面积最广，其次为碳酸盐岩类裂隙溶洞水，而松散岩类孔隙水分布于河流阶地，分布面积最小。在各基本类型中，根据不同岩性组合及水文地质特征划分为亚类和含水岩组（图3-3）。

（一）基岩裂隙水

分布极广，出露面积1 524.76km^2，占全区总面积的66.4%。

1. 碎屑岩及浅变质岩类裂隙水

包括元古宙、古生代和中生代碎屑岩及浅变质岩类，分布较广，分布面积812.19km^2。地下水赋存于构造裂隙中，呈不连续的含水体，多以泉的形式排泄于沟谷中，按照含水层的富水程度，可分为水量中等和贫乏二级。

1）富水性中等区

主要为震旦系坝里组与老虎塘组、寒武系下统牛角河组及中统高滩组浅变质岩，泥盆系下统杨溪组及中统老虎头组砂砾岩地层，以粗颗粒碎屑岩为主。构造裂隙较发育，枯季地下径流模数6～12L/(s·km^2)。泉流量一般0.1～1.0L/s，单井涌水量100～500m^3/d，主要分布于测区中、南部和北部，出露面积678.56km^2。

2）富水性贫乏区

主要为泥盆系帽子峰组及石炭系测水组。岩性以砂、页岩为主，夹煤层，裂隙不发育，且多被充填或呈闭合状。泉流量一般小于0.10L/s，枯季地下径流模数小于6L/(s·km^2)。单井涌水量小于100m^3/d，呈条带状及零星状分布于大桥镇、大布镇西北部、乳城镇东南部、桂头镇东部及游溪镇东部，出露面积133.63km^2。

2. 块状岩类裂隙水

分布于测区西部、西南部，分布比较广，分布面积712.57km^2。由于岩石结构、构造裂隙、风化程度及出露条件等不同，富水程度有强、弱之差别。

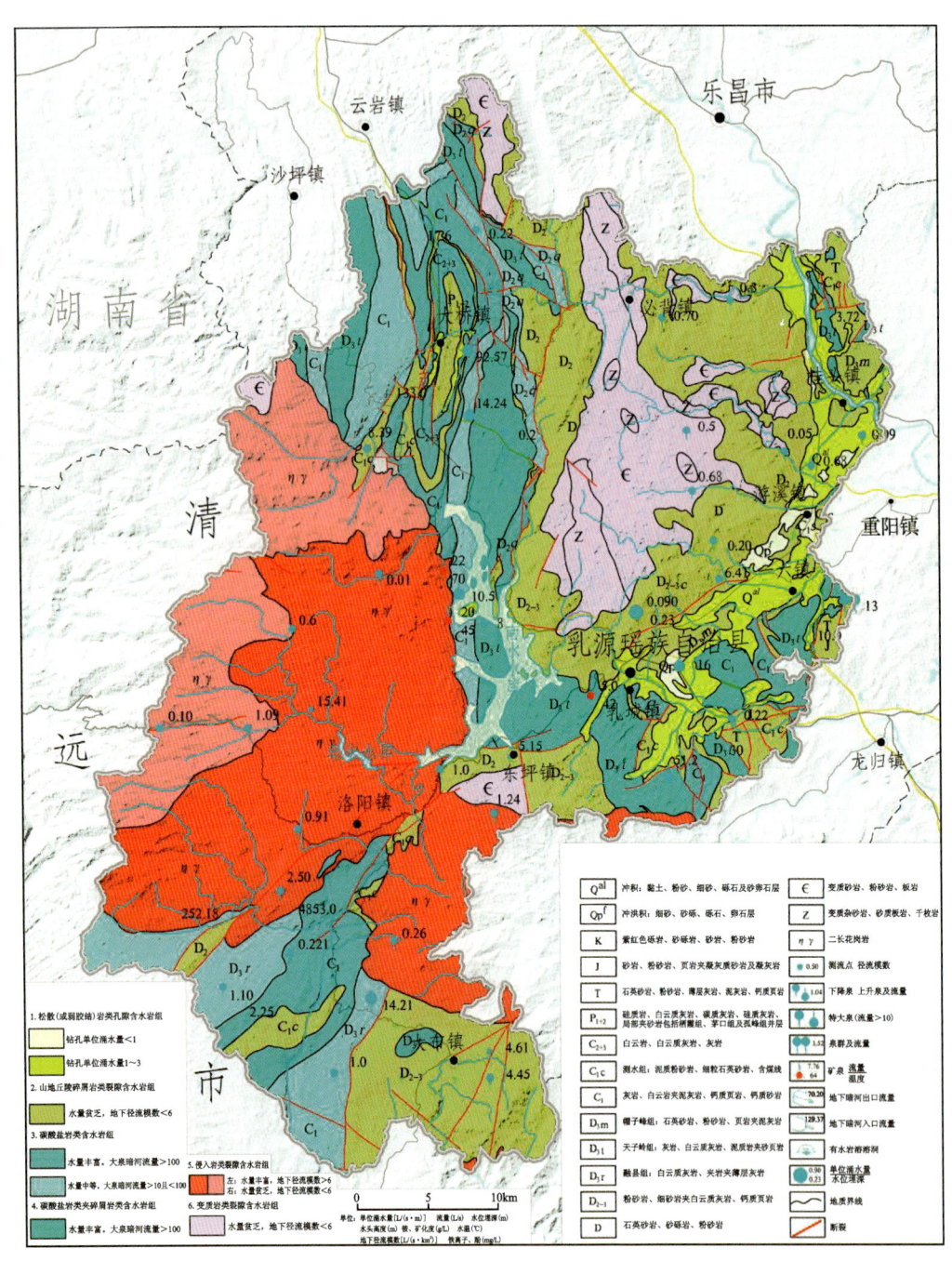

图 3-3 调查区水文地质简图

1)富水性中等区

主要为早侏罗世及晚侏罗世中—粗粒斑状花岗岩、花岗岩,风化裂隙较发育,风化带一般厚 30~50m,扶溪地区达 70m,植被条件良好,气候潮湿多雨,有利地下水富集,构造断层纵横发育,枯季地下径流模数 6~12L/(s·km²),泉流量一般 0.1~1.0L/s,单井涌水量 100~500m³/d。主要分布于洛阳镇及大布镇西北部,分布面积 360.50km²。

2）富水性贫乏区

主要为早侏罗世、早白垩世细一中粒斑状花岗岩及细粒黑云母花岗岩，风化带较薄，裂隙不发育，含水较贫乏，地下水露头较少。枯季地下径流模数小于6L/(s·km^2)，泉流量一般小于0.1L/s，单井涌水量小于100m^3/d。主要分布于洛阳镇北部及大桥镇西南部，分布面积352.07km^2。

（二）碳酸盐岩类裂隙溶洞水

包括泥盆系（棋梓桥组、巴漆组、天子岭组、帽子峰组）、石炭系（连县组、石磴子组、梓门桥组、壶天组）、二叠系（栖霞组）等碳酸盐岩。裸露型面积641.06km^2，覆盖型面积45.49km^2，埋藏型面积0.67km^2，总面积687.22km^2，分述如下。

1. 碳酸盐岩裂隙溶洞水（碳酸盐岩厚度大于70%）

（1）裸露型（水位埋深小于100m），面积370.42km^2。

①富水性丰富区。

主要为泥盆系棋梓桥组、巴漆组、天子岭组、帽子峰组，石炭系连县组、石磴子组、梓门桥组、壶天组，二叠系栖霞组，岩性为白云质灰岩或灰岩，大泉流量一般大于100L/s，单井涌水量大于1000m^3/d，枯季地下径流模数大于6L/(s·km^2)。主要分布于大桥镇及大布镇，出露面积198.36km^2。

②富水性中等区。

主要为泥盆系棋梓桥组、巴漆组，石炭系连县组、石磴子组、梓门桥组、壶天组，二叠系栖霞组白云质灰岩或灰岩，大泉流量一般10～100L/s，单井涌水量100～1000m^3/d，枯季地下径流模数3～6L/(s·km^2)。主要分布于大桥镇、大布镇、桂头镇及游溪镇，出露面积172.06km^2。

（2）覆盖型（碳酸盐岩顶板埋深小于50m），面积19.81km^2。

①富水性丰富区。

单井涌水量大于1000m^3/d，主要分布于桂头镇西部和东南部，面积16.31km^2。

②富水性中等区。

单井涌水量100～1000m^3/d，主要分布于大布镇镇中心，出露面积3.50km^2。

（3）埋藏型，面积0.67km^2。

富水性中等区单井涌水量100～1000m^3/d，碳酸盐岩顶板埋深大于100m。上部为上三叠统艮口群砂岩、粉砂岩夹砾岩、粉砂质页岩，为基岩裂隙水，富水性为贫乏；下部为裂隙溶洞水，富水性中等，呈条带状分布于桂头镇北部，面积0.67km^2。

2. 碳酸盐岩夹碎屑岩裂隙溶洞水（碳酸盐岩厚度50%～70%）

（1）裸露型（水位埋深小于100m），面积270.64km^2。

①富水性丰富区。

主要为泥盆系东坪组、天子岭组、长垅组及石炭系大赛坝组灰岩、白云质灰岩夹砂岩等，大泉流量一般大于100L/s,单井涌水量大于1000m³/d,枯季地下径流模数大于6L/(s·km²)。主要分布于大桥镇西南部及西北部,分布面积32.24km²。

②富水性中等区。

主要为泥盆系东坪组、巴漆组、天子岭组及石炭系大赛坝组灰岩、白云质灰岩夹砂岩等,大泉流量一般10～100L/s,单井涌水量100～1000m³/d,枯季地下径流模数3～6L/(s·km²),主要分布于大桥镇、乳城镇、游溪镇、桂头镇,零星分布,分布面积238.40km²。

(2)覆盖型(顶板埋深小于50m),面积25.68km²。

富水性中等区主要分布于桂头镇南部、北部及乳城镇镇中心,呈条带状,面积25.68km²。单井涌水量100～1000m³/d。

(三)松散岩类孔隙水

包括更新统及全新统冲积层和少量洪积层及坡残积层孔隙水。分布面积130.08km²,分布于南水水库周边、沿河流两岸及山前平原,呈条带状分布,组成漫滩及阶地。松散岩厚度0.2～26m,水位埋深0.50～4.80m。总的特点为范围窄,厚度不稳定,岩性变化较大,富水性差异悬殊。

1)富水性中等区

单井涌水量100～1000m³/d(为降深5m,口径203mm的换算涌水量),主要分布在桂头镇武江西岸、一六镇一带。分布面积47.15km²。

2)富水性贫乏区

单井涌水量小于100m³/d(为降深5m,口径203mm的换算涌水量),主要分布在桂头镇杨溪圩武江东岸、游溪镇、乳城镇一带。分布面积82.93km²。

二、地下水补径排特征

(一)地下水补给条件

调查区降水量丰沛,致使地下水循环交替较强烈,地下水的补给形式,主要接收大气降水的垂向补给,次为地表水、农田灌溉回归水渗入及其他类型地下水越流侧向补给,补给强度受降水量、降水形式、地势陡缓程度、岩石透水性、构造断裂、植被条件制约。

1. 松散岩类孔隙水

该地下水类型主要补给来源是大气降水,在平原山前地带还得到地表水的渗入补给,但不同岩组接受的补给量不同,砂土、砂砾石岩组和砾石类黏土岩组的降雨入渗系数大,黏土岩组入渗系数小,据粤北岩溶石山地区地下水资源勘查与生态环境地质调查项目资料,砂土、砾石岩组入渗系数0.16～0.17,黏土岩组入渗系数仅0.07～0.08。

2. 基岩裂隙水

基岩裂隙水补给来源同样是大气降水。从地貌上看,区内丘陵地形起伏小、表层岩石风化强烈,通常有一层较厚的残积土覆盖于基岩上,构造裂隙被充填堵塞,降水不易入渗补给地下水,其补给条件相对较差;在调查区西北部中山、低山地貌区,地形陡、坡降大、构造裂隙贯穿地表,降水易补给地下水,则补给条件较好。根据本区长观资料,基岩裂隙降雨入渗系数为0.056~0.314,平均0.183。基岩裂隙入渗能力受降雨量大小、岩性、风化层厚度、构造裂隙发育程度、植被条件等影响。

3.碳酸盐岩类裂隙溶洞水(岩溶水)

岩溶水的补给形式多样,以大气降水垂向入渗补给为主,次为地表水集中入渗或垂向、侧向渗漏等。在非岩溶覆盖或包容式的岩溶区岩溶水,非岩溶区地下水以垂直或侧向补给岩溶水,在密集的峰丛山区以降雨直接入渗或地表散流直接入渗,在峰丛山区除直接接受大气降水外,可与地表水相互转化、互补,在平原区除大气降水入渗补给外,还有越流侧向补给,或农田灌溉回归入渗,在丰水季节,近江河边,河水倒灌补给也是一种补给方式。

(二)地下水径流条件

地下水径流形式主要以潜水在裂隙及孔隙中径流,岩溶水的径流形式在峰丛、峰林区多呈集中的管道流形式,而在平原区多以管隙流形式,但在白云岩或不纯碳酸盐岩中,多以隙流或管隙流形式径流;孔隙水则具有一定的潜水面在孔隙中缓流;基岩裂隙水在各种形式的裂隙中以分散流形式径流。

(三)地下水排泄条件

地下水排泄方式主要排向地表江河及构造、断裂汇水带。松散岩类孔隙水以蒸发排泄为主,但在河流切割地段均以渗流方式补给河水,在丰、枯水期,松散岩类孔隙水与地表水有互补现象;基岩裂隙水沿纵横裂隙汇集,径流途径短,在沟谷两侧呈散流状排泄于地表汇成溪沟,但局部岩石较坚硬、构造裂隙发育、汇水条件较好地段,部分地下水则以泉的形式集中泄露地表;岩溶水的排泄多以地下河及泉的形式集中于岩溶盆地边缘、与非岩溶地层接触带、江河边或构造富水破碎带排泄。

第四章 主要生态地质问题调查评价

调查区地处粤北生态屏障中的南岭山地森林及生物多样性保护区,也是广东省北部生态发展区,保存着完整的亚热带常绿阔叶林系统,拥有多样的生物基因,具有明显的喀斯特地貌和丹霞地貌景观特征,形成了丰富多样的地质特色和生态景观。然而,随着区域发展、资源开发以及人民群众的环境保护意识逐步增强,石漠化、水土流失、矿山环境地质、土壤环境质量、地质灾害等生态环境问题也逐渐显露出来。在全面推进生态文明建设、构建人与自然和谐共处的进程中,这些问题也日益成为影响地区发展的重大阻碍。因此,对区内的典型生态地质问题的调查显得尤为重要。本次工作,着重对区内生态环境产生重要影响的石漠化、水土流失、历史遗留矿山环境地质和土壤环境质量4类典型生态地质问题开展针对性调查评价。

第一节 石漠化

调查区北部大桥和西南大布镇,发育着大片碳酸盐岩,属于广东省北部的粤北岩溶山区。该区域岩溶地貌发达,有峰林石山、溶蚀谷地、石芽、溶蚀漏斗、落水洞、天坑、溶洞等典型岩溶地貌类型。根据广东省2011年开展的第二次石漠化监测结果,这里也是广东省土地石漠化程度较为严重且集中的主要区域之一(图4-1)。

一、石漠化的概念与划分方案

石漠化概念是20世纪90年代提出的,一直以来,对石漠化概念和内涵认识不一,存在着较大的争议。近年来,通过对石漠化的形成原因、特点、地域、机制进行研究,形成比较统一的认识,认为石漠化是指土地石质荒漠化,是一种土地退化过程。石漠化分为广义石漠化(rock desertification)和狭义石漠化(karst rock desertification),广义石漠化泛指一切土地石质荒漠化,而狭义石漠化指岩溶石漠化,即在温暖湿润的碳酸盐岩发育的岩溶脆弱生态环境下,因人为干扰致使植被持续退化,甚至丧失,进而引发水土流失、土地生产力下降,基岩大面积裸露于地表,呈现类似荒漠景观的土地退化过程。本次工作开展的石漠化调查评价,针对的是狭义石漠化,即岩溶石漠化。

目前,石漠化分类分级尚未有统一的标准,但相关文献中石漠化分类分级的划分方案基本都与基岩裸露率和植被、土被覆盖率这两个指标有关,因此,在参照前人划分方案的基础上,结合本次工作的实际情况,采用基岩裸露率和植被、土被覆盖率为指标,构建本次石漠化遥感调查的分类分级方案(表4-1)。

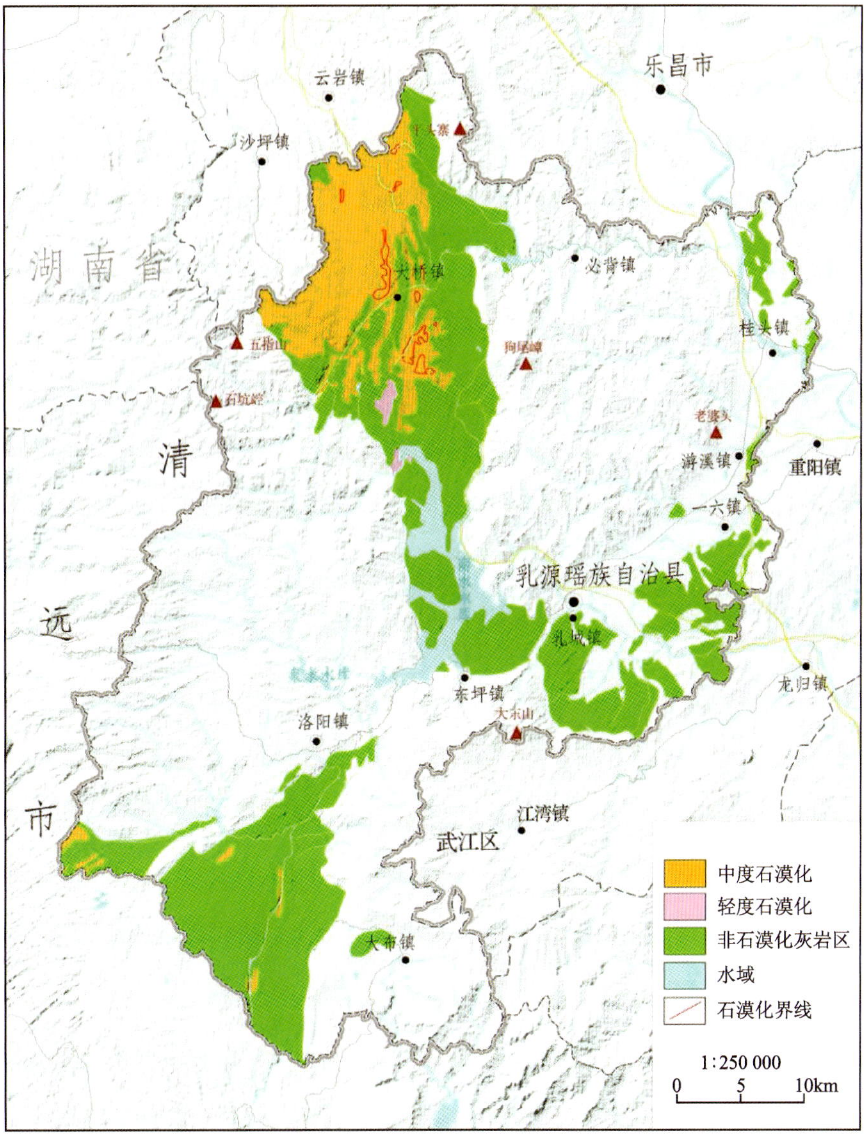

第四章 主要生态地质问题调查评价

图 4-1 乳源地区石漠化分布示意图

(据广东省林业厅，2011 有修改)

表 4-1 调查区石漠化强度划分表

石漠化强度	基岩裸露率（%）	植被＋土被覆盖率（%）
无石漠化	<10	>90
潜在石漠化	10～30	70～90
轻度石漠化	30～50	50～70
中度石漠化	50～70	30～50
重度石漠化	>70	10～30

二、石漠化遥感影像特征

（一）无石漠化

无石漠化土地，在遥感影像图上表现为峰丛地貌特征，斑状纹理，丘状山包，为典型的碳酸盐岩地貌形态，植被保护完好的土地利用类型通常为有林地，以阔叶林为主，主体色调为绿色、墨绿色（图4-2），可清楚辨识树冠；植被较差的则多为灌木林地、草地，灌木林地主体色调为绿色，草地视成像季节而不同，生长季多呈绿色，枯萎季多呈褐色、黄褐色。

图 4-2 调查区无石漠化土地影像图和实地照片

无石漠化的土地几乎没有人为扰动或少有人为扰动，植被覆盖率高，基岩几乎不裸露，尽管峰丛山体坡度较陡，但植被保水固土能力强，没有发生石漠化，未来如果没有人为破坏或大的自然灾害，预计也不会产生石漠化。

（二）潜在石漠化

潜在石漠化土地在遥感影像图上，表现为峰丛地貌特征，有时见有漏斗、落水洞等，主体色调为灰褐色夹杂浅绿色，略微可见灰色、灰白色斑点（图4-3），植被覆盖度较好，人类活动迹象较少，沟谷内多分布有耕地，山坡耕地多少则不一，有的已经退耕还林、还草，或自然封育。

图 4-3 调查区潜在石漠化土地影像图和实地照片

（三）轻度石漠化

轻度石漠化土地在遥感影像图上表现为峰丛洼地、峰丛谷地等岩溶地貌特征，有时见有漏斗、落水洞等，主体色调为墨绿色、绿色、灰褐色，见有灰色、灰白色斑点、斑纹（图4-4），植被覆盖以灌木、草地为主，植被覆盖度一般，人类活动迹象较多，沟谷内多分布有耕地，山坡耕地多少则不一。

图 4-4　调查区轻度石漠化土地影像图和实地照片

（四）中度石漠化

中度石漠化土地在遥感影像图上，主体色调为墨绿色、绿色、灰褐色与灰色、灰白色斑点、斑纹间杂，基岩裸露明显（图4-5），植被覆盖以灌木、草地为主，植被覆盖度较差，人类活动迹象较多，沟谷内与山坡均分布较多耕地。

图 4-5　调查区中度石漠化土地影像图和实地照片

（五）重度石漠化

从遥感图像并结合野外调查，调查区基本少有大片重度石漠化区域，仅局部见有零星分布的小块重度石漠化土地。重度石漠化土地在遥感影像图上主体色调为灰色、灰白色，基岩裸露，植被覆盖度极差，基本不见植被（图4-6），由于生态环境恶劣，人类活动迹象少，仅沟谷内分布有少量耕地，山坡鲜有耕地。

图4-6 调查区重度石漠化土地影像图和实地照片

三、石漠化分布与动态变化

（一）石漠化分布

按照本次石漠化遥感调查的分类分级方案，结合遥感解译和实地验证，调查区现有石漠化土地约 31.61km²，其中轻度石漠化 28.73km²，占 90.89%；中度石漠化 2.56km²，占 8.08%；重度石漠化 0.32km²，仅占 1.03%（表4-2）。石漠化土地面积仅占全域面积的 1.37%，石漠化土地面积不论是数量还是占比，均较低；石漠化发生率也低，仅为 4.87%（石漠化发生率＝石漠化面积/岩溶石山面积×100%），不到 5%。因此，不论是从石漠化土地面积还是从石漠化发生率来看，调查区整体石漠化并不严重。

表4-2 调查区石漠化面积统计表

石漠化程度	面积（km²）	占比（%）
轻度石漠化	28.73	90.89
中度石漠化	2.56	8.08
重度石漠化	0.32	1.03
合计	31.61	100.00

注：石漠化土地面积占全域面积的1.37%，石漠化发生率4.87%。

调查区石漠化空间分布整体呈零散、零星散布（图4-7），局部呈集中分布，大部分石漠化土地分布在县域西北部的大桥镇，另有少量石漠化土地零星分布于大布镇、乳城镇、洛阳镇和一六镇。从程度而言，以大桥镇西北部的岩溶石山区最为严重（图4-8），全区中度、重度石漠化主要分布于此，其他地区以轻度为主。

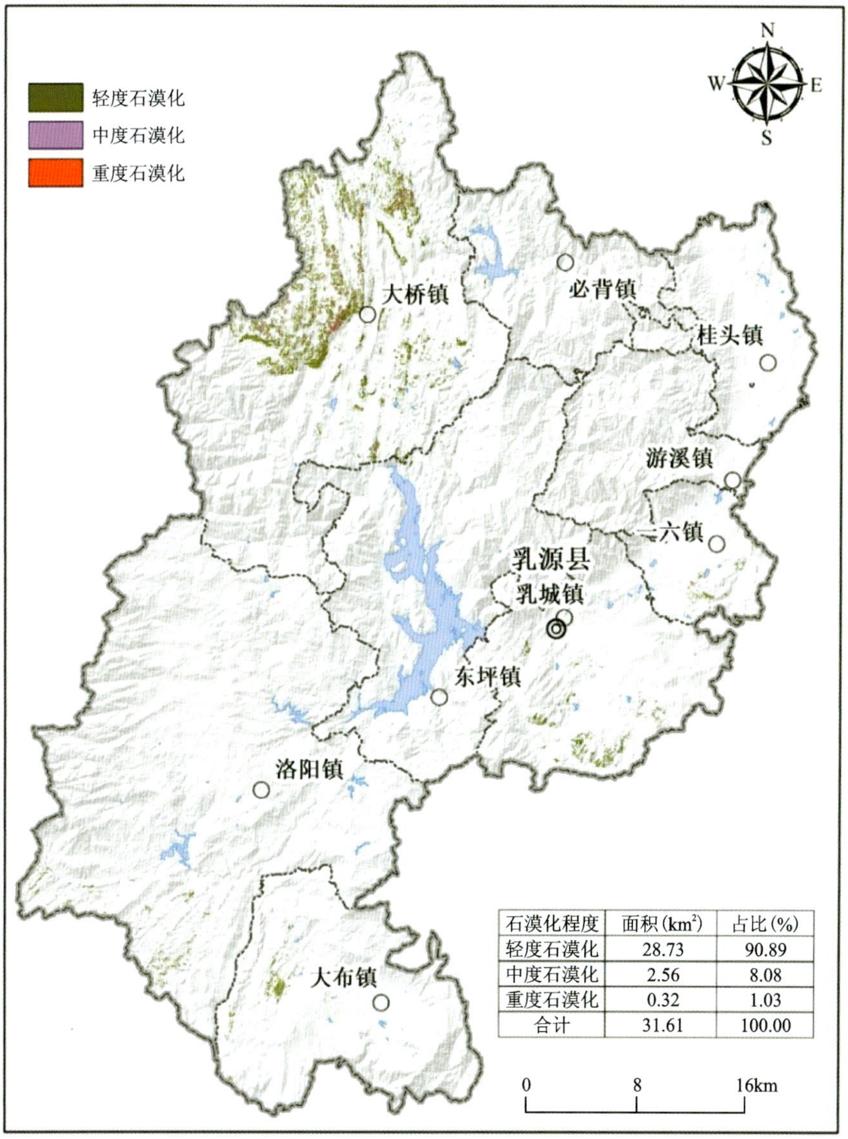

图 4-7 调查区石漠化分布图

石漠化程度	面积(km²)	占比(%)
轻度石漠化	28.73	90.89
中度石漠化	2.56	8.08
重度石漠化	0.32	1.03
合计	31.61	100.00

图 4-8 大桥镇局部石漠化实地照片

（二）石漠化动态变化

据前人研究，调查区曾经发生石漠化的土地面积为 86.50 km^2，其中极重度石漠化 0.24 km^2、重度石漠化 54.56 km^2、中度石漠化 48.15 km^2、轻度石漠化 14.06 km^2。截至 2022 年，调查区通过封山育林、人工造林、油茶种植等措施，共完成石漠化区域治理 8.225 万亩（约 54.84 km^2），全区石漠化总体恶化趋势得到有效遏制，有力促进了岩溶地区经济、社会、生态协调发展。

本次工作通过遥感解译获得的调查区石漠化土地面积约 31.61 km^2（与据前人资料获得的石漠化治理后的剩余石漠化土地面积 31.66 km^2 极为接近，这是对遥感解译结果准确性、可靠度的有效验证），其中轻度石漠化 28.73 km^2，占 90.89％；中度石漠化 2.56 km^2，占 8.08％；重度石漠化 0.32 km^2，仅占 1.03％。从石漠化土地面积来说，治理后累计减少 63.40％；从程度来说，已经没有极重度石漠化，而且重度石漠化和中度石漠化面积也大量减少，实现了"石漠化面积缩减、石漠化程度减轻、植被盖度提高"三大变化，表明调查区前期石漠化综合治理已初见成效。综上所述，从石漠化土地面积和石漠化发生率来看，调查区整体石漠化并不严重，总体以轻度石漠化为主。然而，从石漠化分布的角度来看，调查区重度石漠化主要集中于大桥镇西北部的岩溶石山区，与 2011 年石漠化位置高度重合，这一现象应引起重视，石漠化治理不能完全靠自然恢复的思路，必须通过人为干预，进行石漠化综合治理，对退化土地进行生态重建，构建绿水青山的生态景观。

第二节　水土流失

水土流失对山地丘陵区农业的持续发展影响巨大，一方面，水土流失会引起滑坡、崩塌、地面塌陷和沉降及地裂缝，致使基岩完全裸露，反过来又引起土壤侵蚀加剧，从而进入恶性循环；另一方面，水土流失还会引起地下水疏干和地表水流失干枯，造成局部缺水；在碳酸盐岩出露区，水土流失还会造成土地退化，导致局部形成石漠化。调查区地处亚热带季风性湿润气候区，地形地貌多属丘陵山地区，湿热的气候条件、利于侵蚀剥蚀的丘陵山地地形、叠加大片发育出露的石灰岩地层等，导致土壤侵蚀较为强烈，水土流失成为该区主要的生态地质问题。

一、土壤侵蚀强度计算

土壤侵蚀强度是水土流失危害的重要表征，通过遥感调查，查明土壤侵蚀强度分级与分布，评价水土流失的生态风险。

通过遥感信息提取方法获得土地利用和植被覆盖度，由数字高程模型（DEM）通过坡度分析获得地形坡度，然后根据《土壤侵蚀分类分级标准》（SL 190—2007）中面蚀强度综合判断的有关规定，综合判定土壤侵蚀强度，并进行强度分级。

（一）土地利用类型

土地利用类型数据来自调查区第三次全国国土调查成果，根据三调成果编制土地利用现状图（图4-9）。

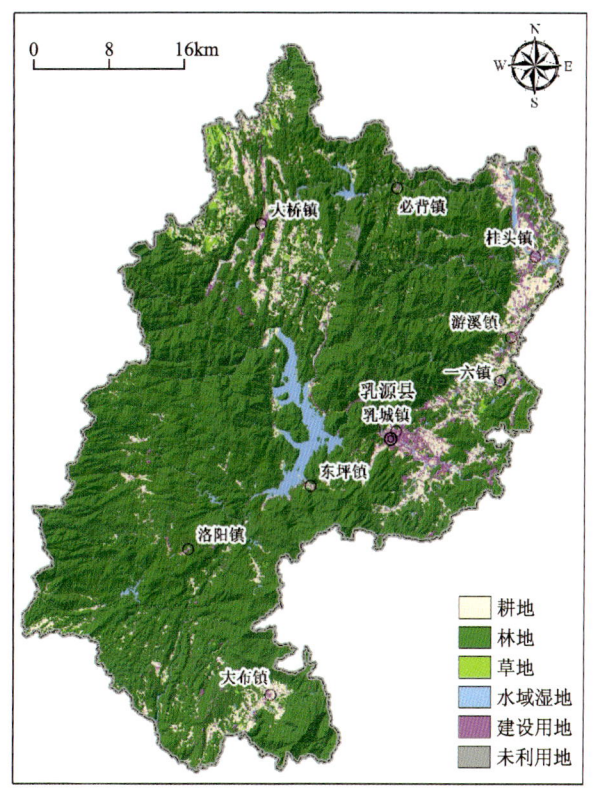

图4-9　调查区土地利用现状图

（二）植被覆盖度

植被对水土保持有着举足轻重的作用，不同的植被保水固土能力不同，一般来说，森林保水固土能力最强，灌木次之，草地再次之，而耕地中的旱地最差。但是，不同的植被，其保水固土的作用机理不同，抗蚀作用机理也不同，难以在一个统一尺度进行量化，为了分析植被对水土保持的作用，使用植被覆盖度作为统一的度量进行分析。植被覆盖度是指植被（包括叶、茎、枝）在地面的垂直投影面积占统计区总面积的百分比，植被覆盖度的测量可分为地面测量和遥感估算两种方法，地面测量常用于田间尺度，遥感估算常用于区域尺度。

利用2022年9月26日成像的哨兵2A卫星的10m分辨率多光谱遥感数据（图4-10），先提取归一化植被指数（normalized difference vegetation index，NDVI）。

然后在像元二分模型的基础上，利用归一化植被指数近似估算植被覆盖度，再按照低覆盖（<30%）、中低覆盖（30%～45%）、中覆盖（45%～60%）、中高覆盖（60%～75%）、高覆盖（>75%）进行分级，制作调查区植被覆盖度图（图4-11）。

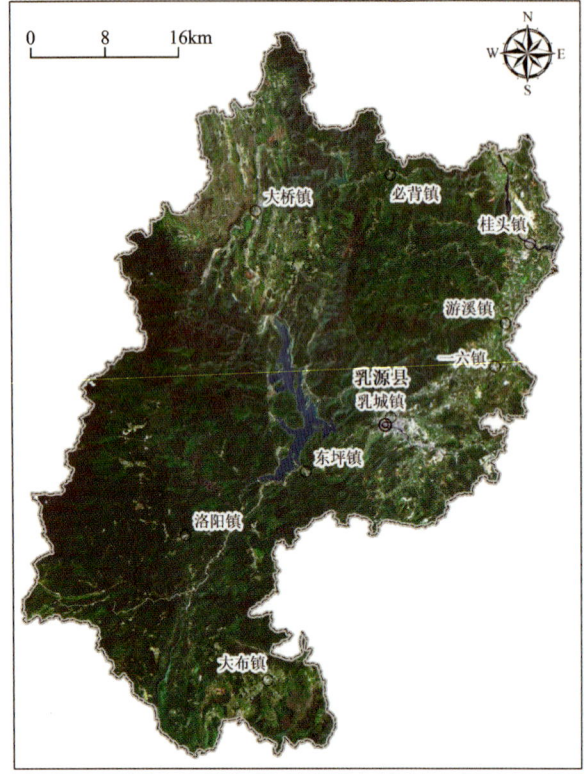

图 4-10 调查区哨兵 2A 卫星遥感影像图

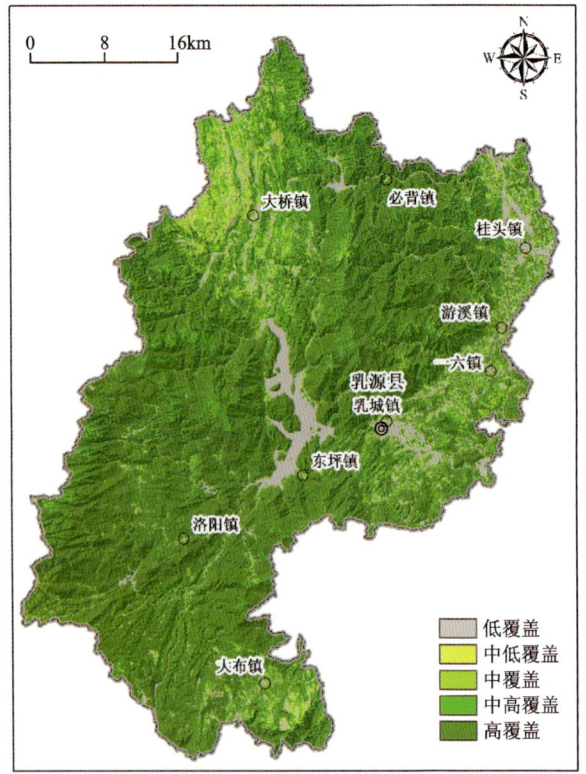

图 4-11 调查区植被覆盖度图

（三）地形坡度

调查区地处南岭山脉腹地，地形陡峻，坡度是决定侵蚀作用强弱的重要因素之一。以调查区数字高程模型（数据来源于公开版 ALOS 12.5m 分辨率 DEM）进行坡度分析，然后按照微坡（<5°）、缓坡（5°～8°）、较缓坡（8°～15°）、较陡坡（15°～25°）、陡坡（25°～35°）和急陡坡（>35°）进行分级，制作调查区坡度分级图（图 4-12）。

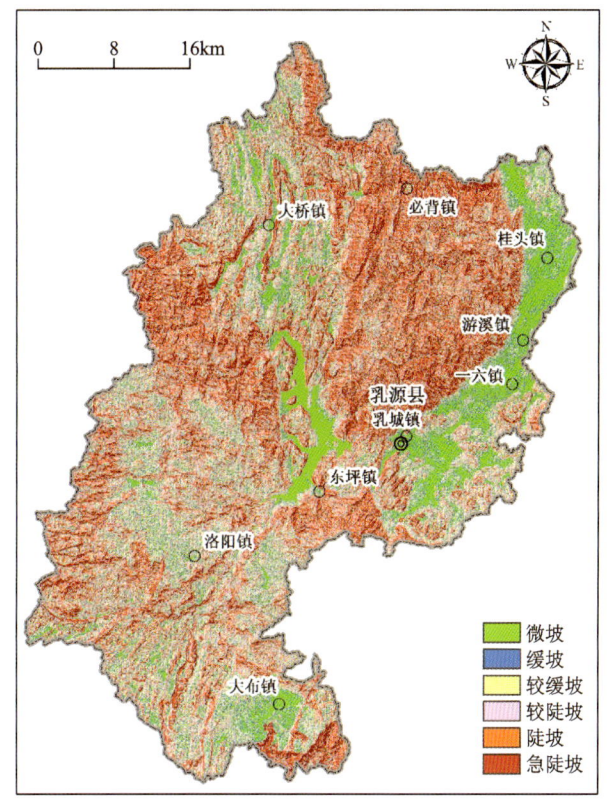

图 4-12　调查区坡度分级图

（四）土壤侵蚀强度

对土地利用类型、植被覆盖度、地形坡度 3 个专题图层进行空间叠加分析，依据《土壤侵蚀分类分级标准》（SL 190—2007）中的面蚀强度分级标准建立判别规则，对土壤侵蚀进行综合判别，获得调查区土壤侵蚀强度图（图 4-13），并统计各个侵蚀强度级别的面积和占县域面积的百分比（表 4-3）。

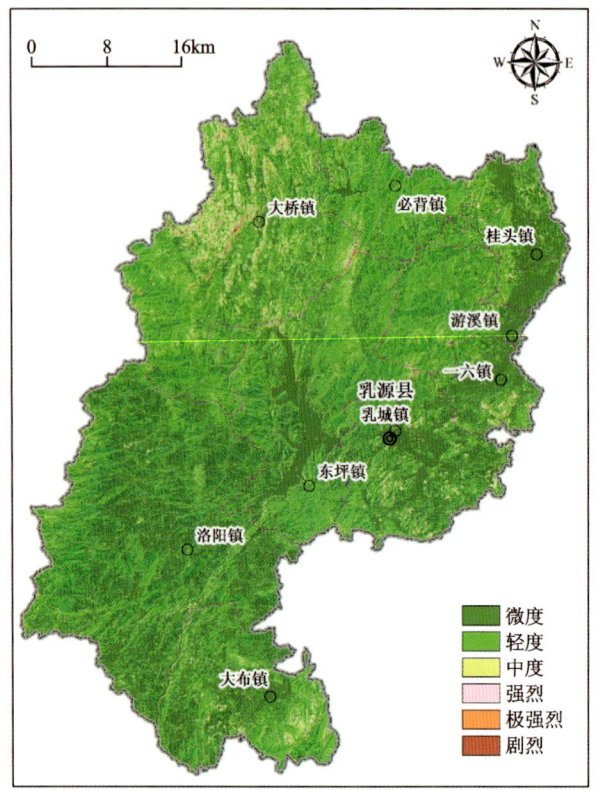

图 4-13 调查区土壤侵蚀强度图

表 4-3 调查区土壤侵蚀强度分级统计表

土壤侵蚀强度	面积(km²)	占比(%)
微度	1 172.38	50.94
轻度	837.33	36.38
中度	244.40	10.62
强烈	35.86	1.56
极强烈	9.38	0.40
剧烈	2.25	0.10
合计	2 301.59	100.00

二、水土流失

土壤侵蚀的后果即为水土流失,一般来说,土壤侵蚀强度为强烈、极强烈和剧烈等级的区域可以视为严重水土流失区,土壤侵蚀强度为中度的区域可以视为轻微水土流失区,土壤侵蚀强度为微度、轻度的区域可以视为基本无水土流失区。调查区目前(截至 2022 年 9 月 26 日,即本次工作采用的哨兵 2A 卫星遥感数据的成像日期)有水土流失区面积 291.89km²,占全县总面积的 12.69%,其中严重水土流失区面积 47.49km²,占全县总面积的 2.07%,轻微水土流失区面积 244.40km²,占全县总面积的 10.62%。

从空间分布来看,水土流失最为严重的地区为大桥镇,其次为大布镇,再次为乳城镇和一六镇。从各个镇的水土流失发生率来说(即水土流失总面积占各镇总面积的比例),大桥镇水土流失最为严重,其次依次为必背镇、一六镇等(表4-4)。大桥镇不光水土流失发生率为各镇之最,水土流失面积也最多,轻微水土流失面积96.80km²,占全域轻微水土流失面积的39.61%,严重水土流失面积23.20km²,占全域严重水土流失面积的48.85%,是调查区水土流失最严重的镇。

表4-4 调查区各镇水土流失统计表

排序	乡镇	水土流失	面积(km²)	占乡镇总面积比例(%)	占全县同级水土流失总面积比例(%)
1	大桥镇	无水土流失	345.86	74.24	
		轻微水土流失	96.80	20.78	39.61
		严重水土流失	23.20	4.98	48.85
2	必背镇	无水土流失	124.29	86.77	
		轻微水土流失	16.01	11.18	6.55
		严重水土流失	2.94	2.05	4.32
3	一六镇	无水土流失	68.03	87.67	
		轻微水土流失	8.02	10.33	4.23
		严重水土流失	1.55	1.99	4.19
4	游溪镇	无水土流失	118.05	88.2	
		轻微水土流失	13.60	10.16	5.56
		严重水土流失	2.20	1.65	4.63
5	桂头镇	无水土流失	110.02	88.28	
		轻微水土流失	12.81	10.28	5.24
		严重水土流失	1.80	1.44	3.79
6	大布镇	无水土流失	194.80	88.43	
		轻微水土流失	21.22	9.64	8.68
		严重水土流失	4.25	1.93	8.93
7	乳城镇	无水土流失	184.28	88.48	
		轻微水土流失	20.14	9.67	8.24
		严重水土流失	3.84	1.84	3.87
8	东坪镇	无水土流失	305.02	90.11	
		轻微水土流失	29.33	8.66	12.00
		严重水土流失	4.13	1.22	2.57
9	洛阳镇	无水土流失	559.36	94.9	
		轻微水土流失	26.46	4.49	10.83
		严重水土流失	3.57	0.61	7.52

第三节 历史遗留矿山地质环境问题

一、矿山开发与生态环境现状

调查区地处南岭巨型纬向构造带中段,国家级重点成矿带南岭成矿带横贯全域,成矿地质条件优越,矿产资源丰富。查明资源储量矿产地31处,其中能源矿产5处,金属矿产11处,非金属矿产15处。截至2017年底,全区已开发利用的矿种共13种,在开发利用的矿产中,开采量较大的矿产有铁、砖瓦用砂页岩、石英、钾长石、陶瓷土、水泥用灰岩、建筑石料用灰岩(花岗岩、大理岩)、地热等。根据乳源瑶族自治县自然资源局2018年编制的《乳源瑶族自治县矿山地质环境保护与治理规划(2016—2020年)》,全区共有需恢复治理的矿山23个。按生产状况划分:生产矿山15个,停产矿山4个,关闭矿山4个;按对生态环境影响划分:对周边林地、草地构成影响的矿山22个,对周边耕地构成影响的矿山10个,对周边地下水构成影响的矿山4个,对周边地表水构成影响的矿山3个,对其他生态环境构成影响的矿山7个。

该地区因采矿活动引发的矿山地质环境问题主要有占用与破坏土地资源、地质灾害、地下含水层破坏与污染、地形地貌景观破坏和水土环境污染等五大类,其中以地质灾害、占用与破坏土地资源的问题最为严重。据统计,截至2018年9月,全区矿山占用与破坏各类土地总面积达1.67km^2;开发矿产资源诱发的地质灾害及隐患7起;露天开采建筑石料用灰岩(花岗岩)、陶瓷土矿、砖瓦用砂岩等非金属矿严重破坏了地形地貌景观,金属矿山的开采造成了水土环境污染。

二、历史遗留矿山生态地质问题

历史遗留矿山的生态地质问题,是摆在全社会面前的重大课题。矿产资源的开发利用,为社会经济发展作出了巨大贡献,但也不同程度地改变了矿区及周边生态环境,引发诸多生态问题,如诱发地质灾害(采空、崩塌等)、损毁资源(土地、水、地貌景观、植被等)、污染环境(水土气)等,严重影响和制约了生态环境与人类社会的和谐发展。随着"绿水青山就是金山银山"理念的不断深入,新时代生态文明建设实践对历史遗留矿山生态修复提出了新的要求。历史遗留矿山的生态修复与维护,已成为当前生态环境保护领域的重要任务。

2022年2月,乳源瑶族自治县自然资源局公布了该县第一批历史遗留矿山核查认定结果,共有历史遗留矿山72个(图4-14),总面积919 261.44m^2(0.92km^2),占全县面积的0.04%。尽管面积占比较小,但矿山开采通常对矿山及周边生态环境造成严重破坏,应当引起重视,进行必要的治理与监测。历史遗留问题多,治理难度大是矿山环境修复的一大难题。历史上,由于非法采矿和民采民选活动猖獗,以及矿山企业在以往开采活动中环境保护意识淡薄,遗留了大量的矿山地质环境问题。当前,虽然当地有意识地逐步加强了对矿产资源开发利用的规范化管理,但矿山前期开采粗放,多数矿山企业管理不规范、技术设施落后,造成了地貌景观破坏、含水层破坏等地质环境问题突出,治理难度大。

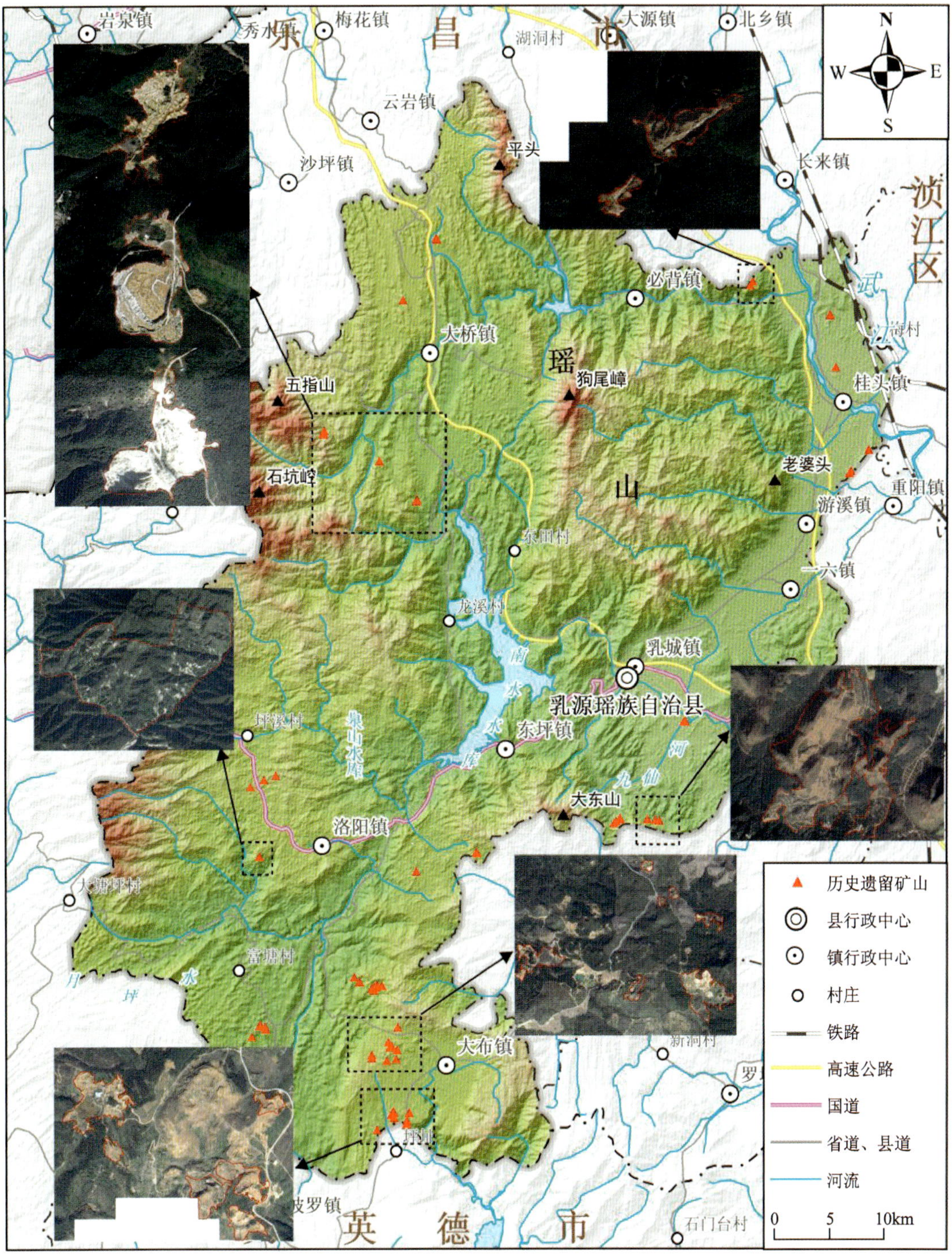

图 4-14　乳源第一批历史遗留矿山位置分布图

（据乳源瑶族自治县自然资源局 2022 年 2 月公示资料编制）

第四节 土壤环境质量

一、土壤单元素环境质量等级价

生态环境部 2018 年颁布了《土壤环境质量 农用地土壤污染风险管控标准（试行）》(GB 15618—2018)。标准规定了农用地中重金属元素在不同酸碱度条件下的土壤污染风险的筛选值和管制值(表 4-5)。本次土壤环境质量评价,参照该标准的对土壤污染风险筛选值和管制值的划分,将土壤环境质量分为 3 个等级：当土壤中污染物含量等于或低于标准规定的风险筛选值,农用地土壤污染风险低,环境质量等级为一等,土地归为优先保护级别；当土壤中污染物含量高于标准规定的风险筛选值时,但低于管制值时,可能存在农用地土壤污染风险,环境质量等级为二等,对应土地质量等级为安全利用；当土壤中 Cd、Hg、As、Pb、Cr 的含量高于标准规定的风险管制值时,农用地土壤污染风险较高,环境质量等级为三等,土地质量应当进行严格管控。

表 4-5　农用地重金属筛选值与管制值划分标准　　　　　　　　　　（单位：mg/kg）

元素项目		水田				其他			
		pH≤5.5	5.5<pH≤6.5	6.5<pH≤7.5	pH>7.5	pH≤5.5	5.5<pH≤6.5	6.5<pH≤7.5	pH>7.5
As	筛选值	30	30	25	20	40	40	30	25
	管制值	200	150	120	100	200	150	120	100
Cd	筛选值	0.3	0.3	0.3	0.8	0.3	0.3	0.3	0.6
	管制值	1.5	2.0	3.0	4.0	1.5	2.0	3.0	4.0
Cr	筛选值	250	250	300	350	150	150	200	250
	管制值	800	850	1000	1300	800	850	1000	1300
Hg	筛选值	0.5	0.5	0.6	1.0	1.3	1.8	2.4	3.4
	管制值	2.0	2.5	4.0	6.0	2.0	2.5	4.0	6.0
Pb	筛选值	80	100	140	240	70	90	120	170
	管制值	400	500	700	1000	400	500	700	1000
Cu	筛选值	150	150	200	200	50	50	100	100
Ni	筛选值	60	70	100	190	60	70	100	190
Zn	筛选值	200	200	250	300	200	200	250	300

韶关地区 2019 年完成了"韶关市土壤环境背景调查"项目。本次生态地质调查,收集乳源境内 422 件地球化学样品数据资料,结合本次生态地质路线调查的样点,共计 588 件土壤地球化学样品,获取包括酸碱度和 8 个重金属元素在内的约 5300 个地球化学数据,对调查区进行土壤环境质量等级评价。需要特别说明的是,现行国家只有农用地和建设用地的土壤环

境质量标准,林地暂未有相应的环境质量标准,按照从严原则,林地土壤环境质量评价执行相较于建设用地更为严格的农用地标准。

(一)土壤 As 元素环境质量

As 是影响调查区土壤环境质量最主要的重金属元素,平均含量为 42.54mg/kg,最高含量达 2893mg/kg(pH 值 8.03),超出管制值将近 30 倍。单元素土壤环境质量评价结果表明(图 4-15),区内土壤环境质量主体属于优先保护级别,优先保护类土壤面积为 1 501.98km²,占全区面积的 65.3%,主要分布于中部乳城镇至洛阳镇大片区域,以及东北部必背镇—游溪镇一带;安全利用类土壤面积 723.45km²,占全区总面积的 31.5%,主要分布在大桥镇镇区外

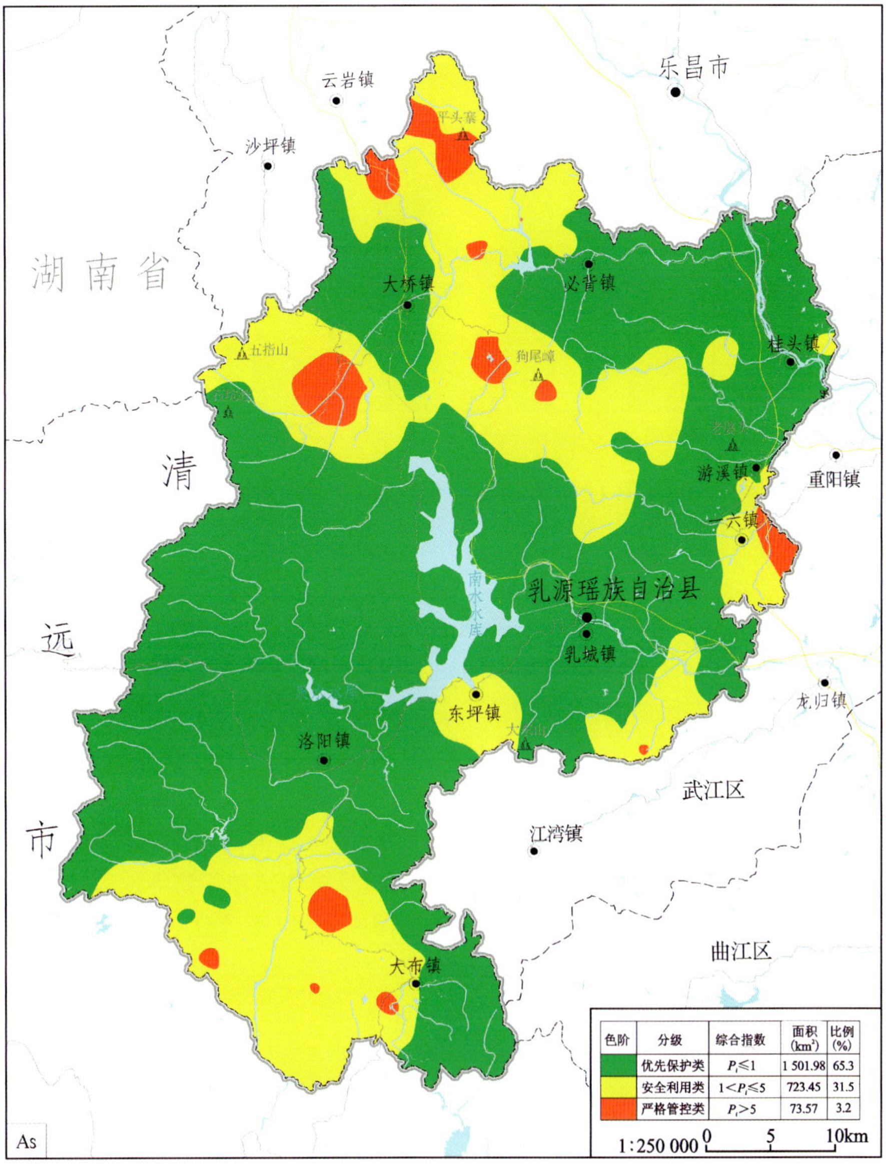

图 4-15 土壤 As 元素环境质量等级评价图

缘以及大布镇西部等地区;需严格管控类土壤面积有 73.57km²,占全区面积的 3.2%,呈块状分布在大桥镇北部、西南部、东南部等山前区域及一六镇东部等地区。

全区各成土母质单元表土 As 平均含量比较见图 4-16,以 30mg/kg 为界,总体分两个含量级:高含量土壤为碳酸盐岩母质,As 平均含量为 66.18mg/kg;长英质-泥质变质岩、第四纪冲积物、陆源碎屑岩母质含量居中,含量分别为 45.28mg/kg、38.74mg/kg、33.33mg/kg,这 4 类成土母质 As 含量均不同程度地超出了筛选值范围,构成调查区 As 含量高地质背景区;低含量土壤为花岗岩母质,含量为 17.27mg/kg。从 As 的区域分布来看,区内 As 的高含量区域主要位于大桥镇与大布镇碳酸盐岩分布区,严格管控区域多出现在花岗岩与碳酸盐岩地层的垂直蚀变带、多期褶皱或断裂构造叠加交互的区域以及低温热液矿点周边的冲积层,表明土壤砷高含量与母质母岩的分布关系密切,构造岩浆岩活动以及采矿活动加剧了高含量的 As 从原岩析出,并富集于表生土壤中。

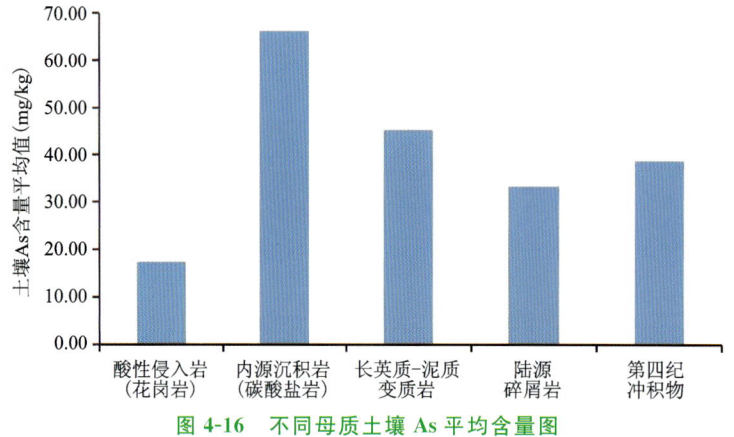

图 4-16 不同母质土壤 As 平均含量图

(二)土壤 Cd 元素环境质量

Cd 是调查区土壤环境质量相对较差的重金属元素,平均含量为 0.487mg/kg,最高含量达 13.3mg/kg(pH 值 7.21),为对应管制值的 4.4 倍。土壤环境质量评价结果表明(图 4-17),全区土壤环境质量以优先保护为主,面积达 1 675.99km²,占全区总面积的 72.9%,主要分布于乳城镇至必背镇一带的变质岩区及粗碎屑岩区、东坪镇至洛阳镇西部一带的酸性侵入岩区;安全利用的土壤面积 603.01km²,占调查区总面积的 26.2%,主要分布在乳源县大桥镇附近及大布镇西部的碳酸盐岩区;严格管控的土壤面积 20km²,占调查区面积的 0.9%,局部零星点状分布在大桥镇、大布镇、一六镇周边的碳酸盐岩及第四纪冲积物等地区。

全区各成土母质单元表土 Cd 平均含量比较见图 4-18,以筛选值 0.3mg/kg 为界,总体可分两个量级:高含量土壤包括碳酸盐岩、第四纪冲积物和陆源碎屑岩 3 类母质母岩,Cd 平均含量分别为 0.728mg/kg、0.541mg/kg 和 0.434mg/kg,酸性侵入岩与长英质-泥质变质岩成土母质含量较低,含量分别为 0.256mg/kg、0.243mg/kg。从 Cd 的区域分布来看,土壤 Cd 高含量与母质母岩及沉积物质来源有明显关系。区内 Cd 的高含量主要为碳酸盐岩母质区,以及第四纪冲积物区域,冲积物(主要农用地)以一六镇一带含量最高,其次为大桥镇碳酸盐岩丘陵山间的冲积物区域。

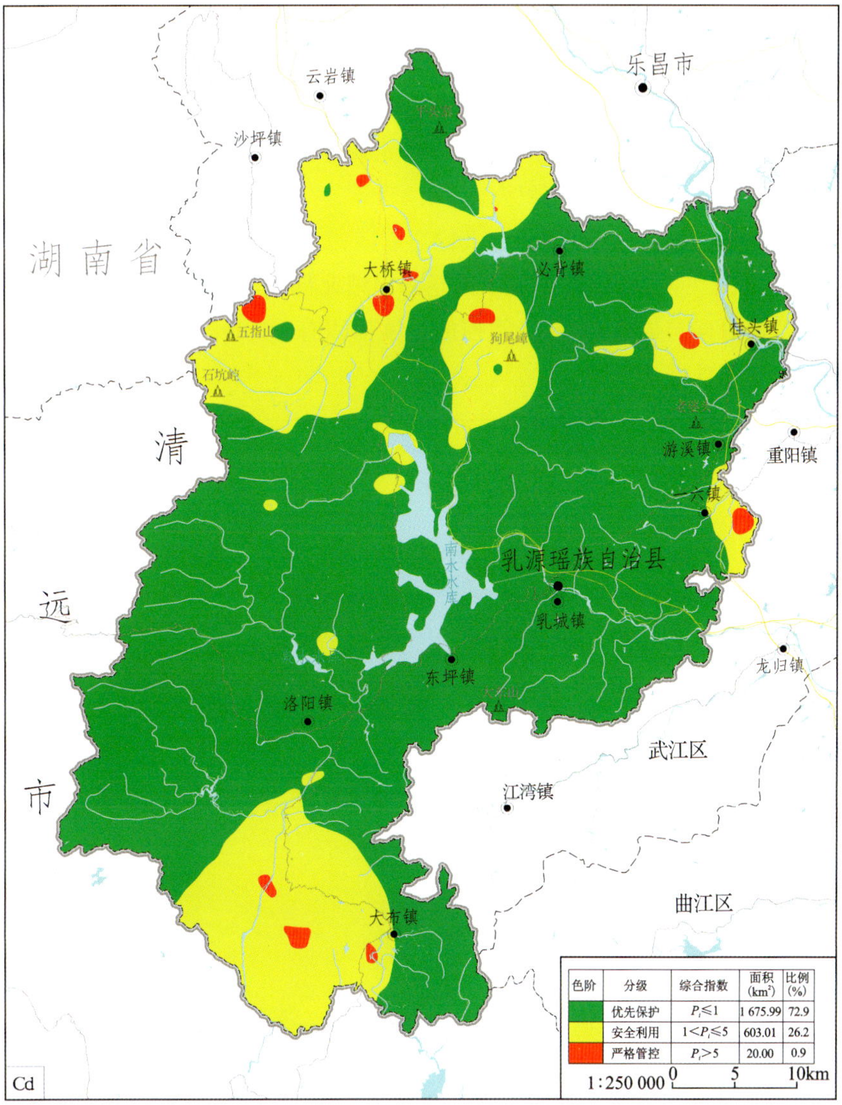

图 4-17 土壤 Cd 元素环境质量等级评价图

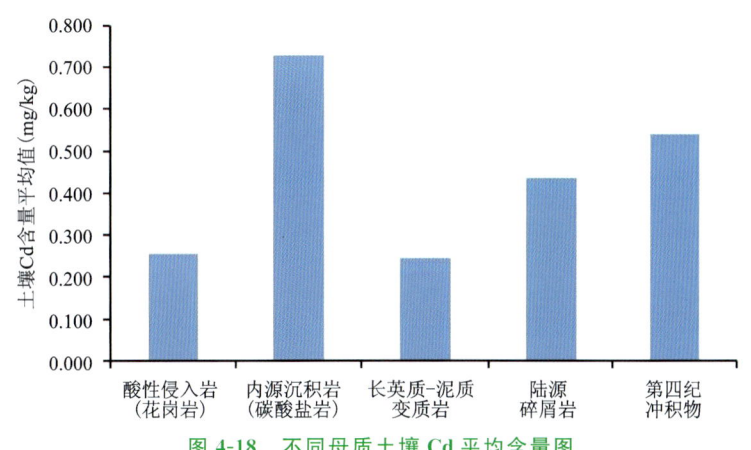

图 4-18 不同母质土壤 Cd 平均含量图

(三)土壤 Pb 元素环境质量

Pb 是乳源县内土壤环境质量相对较差的重金属元素,平均含量为 77.41mg/kg,最高含量达 4377mg/kg(pH 值 6.08),超管制值 8.8 倍。单元素土壤环境质量评价结果表明(图 4-19),区内土壤环境质量以优先保护为主,面积为 1 709.37km²,占总面积的 74.4%,广泛分布于大桥镇至必背镇至乳城镇一带的碳酸盐岩、变质岩区及碎屑岩区;安全利用级别的土壤面积 573.03km²,占调查区总面积的 24.9%,主要分布在东坪镇至洛阳镇北部一带的酸性侵入岩区以及大布镇西部的碳酸盐岩及部分碎屑岩区;需严格管控的土壤面积有 16.60km²,占全区面积的 0.7%,主要集中分布在大布镇西部。

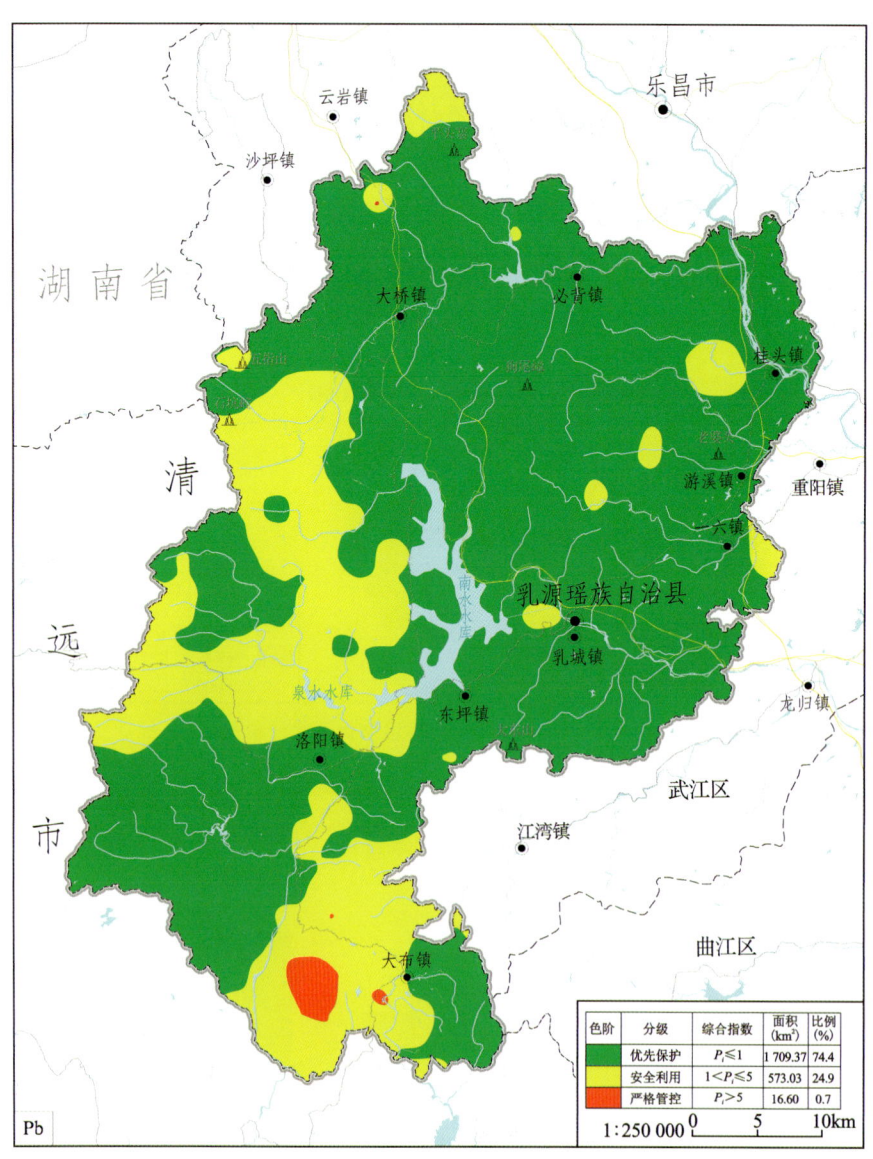

图 4-19 土壤 Pb 元素环境质量等级评价图

全区各成土母质单元表土 Pb 平均含量见图 4-20,总体含量比较稳定,各类母质平均含量介于 50~100mg/kg 之间,最高为碳酸盐岩母质,Pb 平均含量为 97.98mg/kg。从 Pb 的区域分布来看,土壤 Pb 含量与中低温热液成矿及断裂构造关系较密切,其次为母质母岩。Pb 土壤环境质量需严格管控的主要为大布镇西部多期叠加的成矿断裂上。

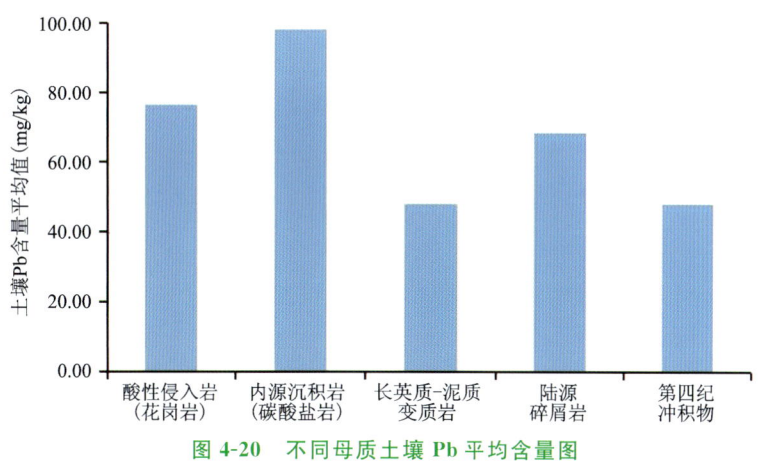

图 4-20 不同母质土壤 Pb 平均含量图

（四）土壤 Hg 元素环境质量

Hg 是乳源县内土壤环境质量较好的重金属元素,平均含量为 0.27mg/kg,最高含量达 48.7mg/kg(pH 值 6.83),为对应管制值 12.2 倍。环境质量评价结果表明(图 4-21),调查区 Hg 土壤环境质量以优先保护为主,面积为 2 254.06km²,占调查区总面积的 98.0%,分布区域遍及乳源全域;安全利用的土壤面积 33.93km²,占调查区总面积的 1.5%,主要分布在大桥镇东北部以及一六镇南部等地区;需严格管控的土壤面积有 11.01km²,占调查区面积的 0.5%,分布区域主要位于安全利用区域核部,集中在大桥镇东北部及一六镇南部。

全区各成土母质单元 Hg 表土平均含量比较见图 4-22,除碳酸盐岩含量偏高,平均含量为 0.486mg/kg 外,其余母质单元酸性侵入岩、长英质-泥质变质岩、第四纪冲积物、陆源碎屑岩母质含量稳定:含量分别为 0.119mg/kg、0.194mg/kg、0.158mg/kg、0.226mg/kg;从调查内 Hg 的高值点位分布来看,土壤汞高含量与人为影响关系较密切,其次为母质母岩。Hg 土壤环境质量需严格管控的主要为矿区采石场或者露天开挖破坏的碳酸盐岩母质区域以及周边的坡冲积层。

（五）土壤 Cr 元素环境质量

Cr 是乳源县内土壤环境质量最好的重金属元素,平均含量为 66.01mg/kg,最高含量达 433mg/kg(pH 值 5.41),为对应筛选值 2.9 倍,远低于管制值。环境质量评价结果表明(图 4-23),调查区 Cr 土壤环境质量以优先保护为主,面积为 2 295.39km²,占调查区总面积的 99.8%,清洁土壤基本全域覆盖;仅在大桥镇镇区周边,零星分布少量二等的土壤,面积 3.61km²,占调查区总面积的 0.2%,此外,所有土壤样品无超 Cr 管制值的样品检出,区内 Cr 土壤环境质

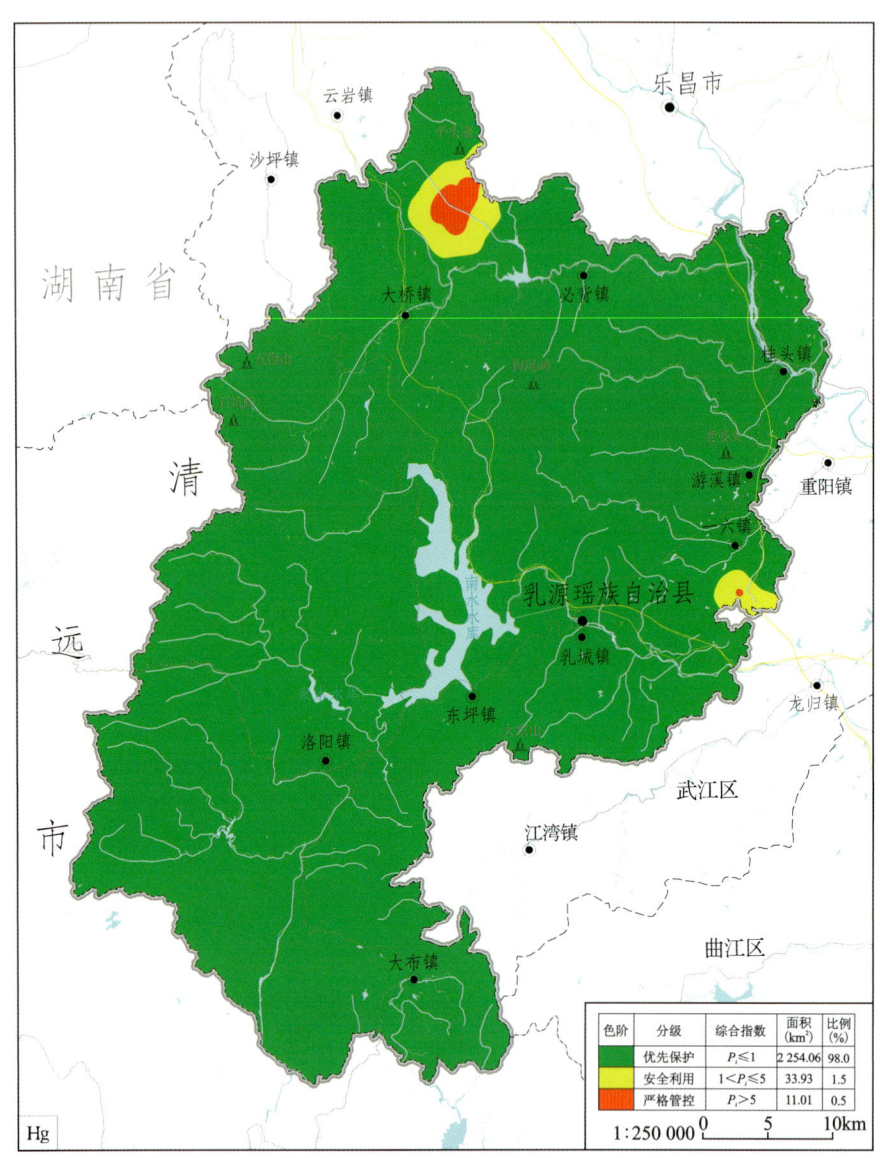

图 4-21 土壤 Hg 元素环境质量等级评价图

量无须严格管控的区域。

全区各成土母质单元表土 Cr 平均含量比较见图 4-24,总体可分两个含量级:高含量母质单元为碳酸盐岩、变质岩、陆源碎屑岩及第四纪冲积物母质,平均含量分别为 87.35mg/kg、81.07mg/kg、84.22mg/kg、61.32mg/kg;低含量土壤为花岗岩母质,含量为 17.25mg/kg。从铬的区域分布来看,土壤铬高含量与母质母岩和土壤发育程度关系较密切。调查区内 Cr 的高含量区域主要集中于晚石炭世—早二叠世碳酸盐岩残坡积物及大桥镇中心周边冲积层等土壤发育较好的区域。

第四章 主要生态地质问题调查评价

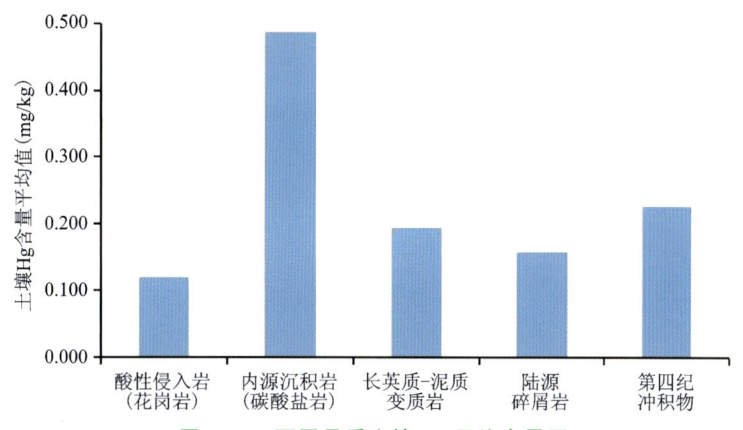

图 4-22 不同母质土壤 Hg 平均含量图

图 4-23 土壤 Cr 元素环境质量等级评价图

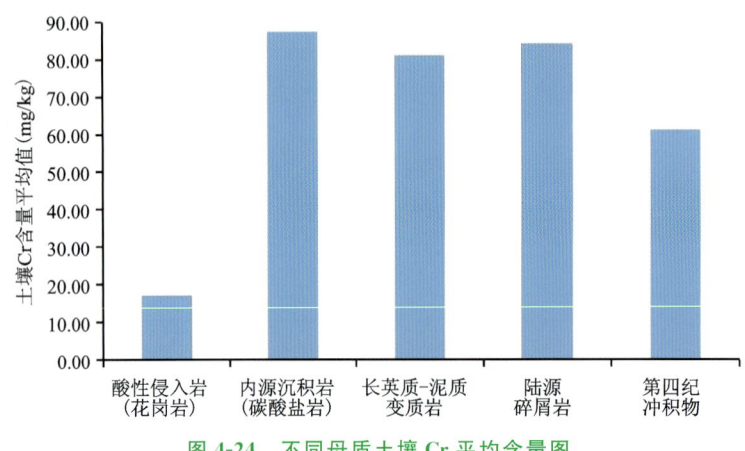

图 4-24　不同母质土壤 Cr 平均含量图

二、土壤环境质量综合等级评价

参照《土地质量地球化学评价规范》(DZ/T 0295—2016)规定的工作方法,利用酸碱度和主要重金属元素等指标,对调查区全域进行土壤环境质量综合等级评价。由于 Cu、Ni 和 Zn 3 个重金属元素暂时没有土壤污染风险管制值的相关规定,当土壤环境质量存在第三等级时,这 3 个元素暂不能参与综合等级评价。因此,本次土壤环境质量综合等级评价,主要考虑 pH 值和 As、Cd、Cr、Hg、Pb 等 6 项指标。

评价过程执行最严格的等级评价标准,对每个评价单元的土壤环境质量综合等级等同于单指标划分出的环境等级最差的等级。例如 As、Cd、Cr、Hg 和 Pb 的环境质量等级分别为三等、二等、一等、一等和二等时,该评价单元的土壤环境质量综合等级为三等。

根据以上综合等级评价方法,区内土壤环境质量情况良好,总体处于优先保护和安全利用的一等、二等水平,两者分布面积共约 2 188.45km^2,占全区面积的 95.2%;局部土壤环境质量需进行严格管控,面积 110.55km^2,占全区的 4.8%(图 4-25)。其中,第一等级优先保护的土壤面积为 1 005.15km^2,主要分布在必背镇、乳城镇、洛阳镇以及南水水库周边地区,成土母质单元基本为酸性侵入岩区、碎屑岩区、变质岩区和第四系分布区域。第三等级需严格管控的土壤集中分布在大桥镇与大布镇的碳酸盐岩区、断裂构造成矿带以及一六镇周边的第四纪冲积层区域。

土壤环境质量综合评价结果表明,影响调查地区土壤环境质量的重金属主要为 As,其次为 Cd 和 Pb。重金属富集区域主要与碳酸盐岩类成土母质分布区、断裂构造成矿带高地质背景密切相关,同时区内矿业活动加剧了重金属的富集程度,扩大了重金属局部富集的范围。

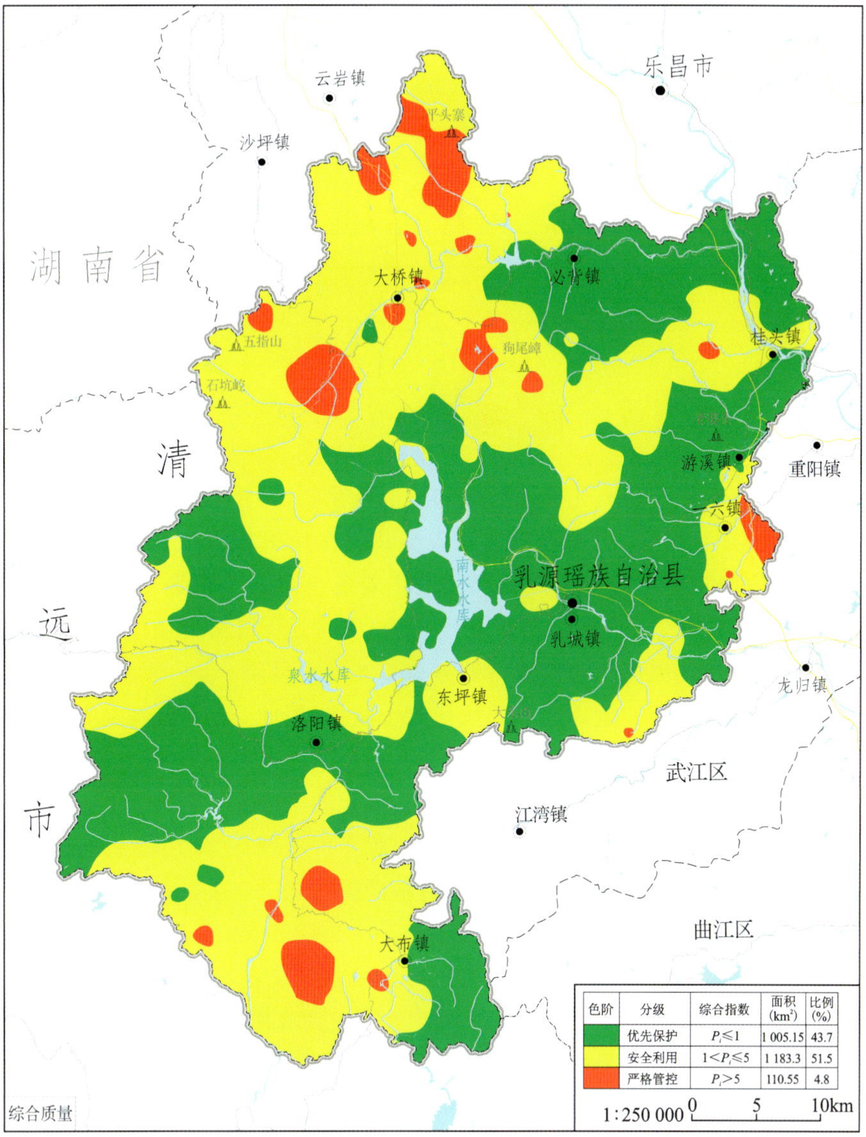

图 4-25　土壤环境质量综合等级评价图

第五章 生态地质分区

第一节 成土母质单元划分

成土母质是由地表岩石经风化作用形成的松散风化物,是土壤形成的物质基础和植物矿物养分元素(除氮外)的最初来源。在自然和人类共同作用下岩石风化发展成母质、土壤,三者在组成、性质等方面具有广泛的继承性。区内主要成土母岩为内源沉积岩(碳酸盐岩)、陆源沉积岩(石英砂岩、粉砂岩、泥页岩)、酸性侵入岩(花岗岩)和长英质-泥质变质岩(变质砂岩、变质粉砂岩、板岩),其风化产物大致可划分为4类成土母质。

生态地质环境的形成始于地表岩石的风化成土演化,因此,从生态地质的角度看,地质单元可理解为在土壤形成初始阶段具有成因联系的,且物质组成和结构构造特征相似的一套岩石共生组合。一个地区在相近的气候条件下,地质单元的不同会直接导致生态系统发育的土壤地球化学条件、工程岩组条件、水土条件、地形地貌条件以及破坏性的致灾条件的差异。因此,地质单元是决定山水林田湖草湿生态系统的基础因素之一。

以服务生态地质调查和评价为目的,以调查区1:50 000和1:250 000区域地质调查成果为基础,参考传统的地质单元划分,依据成土母岩的岩性及岩石形成的建造环境,划分调查区成土母质单元。划分时合并相似的岩石单元,再考虑到成图精度要求和实用性,将出露较小的地质单元与邻近的地质单元进行归并处理。基于地质单元研究,初步将调查区划分了14个成土母质单元(表5-1,图5-1)。

表 5-1 调查区成土母质单元划分表

成土母质单元	涉及的地质单元	岩性特征	位置
第四纪冲洪积物(Q^{dal})	大湾镇组(Qhd)等	为一套内陆河流相的松散堆积物,由黄白色、灰白色、黄褐色松散堆积砾石层、砂砾层、含砾砂层、含砂黏土等组成	主要位于河道两岸
白垩纪酸性岩类残坡积物(K^Γ)	早白垩世二长花岗岩($\eta\gamma K_1$)	灰色或浅肉红色,中细粒似斑状花岗结构,属细粒-粗粒的结构演化,块状构造。斑晶5%~10%,斑晶斜长石土7%、石英±3%;基质斜长石35%、钾长石30%、石英25%~30%、黑云母2%~5%,个别样品偶见少量角闪石	分布在南岭国家公园保护区内

续表 5-1

成土母质单元	涉及的地质单元	岩性特征	位置
侏罗纪酸性岩类残坡积物(J^{γ})	晚侏罗世二长花岗岗岩($\eta\gamma J_3$)、中侏罗世二长花岗岗岩($\eta\gamma J_2$)、早侏罗世二长花岗岗岩($\eta\gamma J_1$)	灰白色,细—中粗粒似斑状花岗结构,属粗粒—细粒的结构演化,块状构造。斑晶15%左右。主要矿物为钾长石、斜长石、石英、黑云母等	分布在南岭国家公园保护区内
早侏罗世陆源碎屑岩类残坡积物(J_1^{cc})	桥源组(J_1qy)	紫灰色、深灰色、灰黑色中、细粒长石石英砂岩及粉砂岩和泥岩呈不等厚互层,夹少量粗粒砂岩、煤层及煤线	分布于乳源地区乳城镇以东
晚三叠世陆源碎屑岩类残坡积物(T_3^{cc})	艮口群(T_3G)	以灰黑色细粒砂岩及粉砂岩为主,底部夹砾岩,往上夹粉砂质页岩及碳质页岩和煤层	分布于乳城镇以东
晚二叠世泥质岩类残坡积物(P_2^{ms})	孤峰组(P_2g)、童子岩组(P_2t)	以灰黑色、黄褐色、浅红色中—薄层状细砂岩,粉砂岩,泥页岩为主,含大量磷铁质结核,夹碳质页岩、硅质岩和煤层	分布于大桥镇附近
早石炭世—中二叠世碳酸盐岩残坡积物(C_1-P_2^{cc})	栖霞组($P_{1-2}q$)、壶天组(C_2P_1h)、梓门桥组(C_1z)	深灰色、灰白色中至厚层状灰岩和白云岩,含少量燧石结核和燧石团块	分布于大桥镇附近
早石炭世含碳泥质岩类残坡积物(C_1^{ms})	测水组(C_1c)	灰白色、黄褐色石英质砂岩、砂质页岩、夹碳质页岩及煤层	分布于大桥镇附近,乳城镇东和大布镇西
早石炭世碳酸盐岩类残坡积物(C_1^{cc})	连县组(C_1l)、石磴子组(C_1s)	灰色、深灰色、灰黑色中至厚层状灰岩、生物碎屑灰岩、燧石灰岩、白云质灰岩和白云岩,夹薄—中厚层状泥质灰岩	主要分布于大桥镇附近,大布镇西,少量见于乳城镇东
中泥盆世—早石炭世泥质岩类残坡积物(D_2-C_1^{ms})	大赛坝组(C_1ds)、帽子峰组(D_3C_1m)、春湾组($D_{2-3}c$)、易家湾组(D_2yj)	粉砂质泥岩、泥质粉砂岩、泥岩、粉砂岩,局部夹泥灰岩或生物碎屑灰岩、泥灰岩、石英砂岩	分布于大布镇附近和乳城镇—桂头镇一带
中—晚泥盆世碳酸盐岩类残坡积物(D_{2-3}^{cc})	天子岭组(D_3t)、融县组(D_3r)、东坪组($D_{2-3}dp$)、巴漆组($D_{2-3}b$)、棋梓桥组(D_2q)	灰白色、灰黑色细薄—厚层状灰岩、泥质灰岩、生物碎屑灰岩、碳质灰岩、白云岩,含少量钙质泥岩、钙质粉砂质泥岩、碳质泥岩	分布于大布镇和大桥镇附近,以及乳城镇—桂头镇一带
早—中泥盆世陆源碎屑岩类残坡积物(D_{1-2}^{cc})	老虎头组(D_2l)、杨溪组($D_{1-2}y$)	砾岩、砂砾岩、含砾砂岩,夹砂岩、粉砂岩及粉砂质页岩	主要分布于乳源地区北部,少量分布于南部
寒武纪长英质变质岩类残坡积物(C^{mcc})	牛角河组($C_{1-2}n$)	岩性由灰黑色、灰绿色、青灰色中厚层状—薄层状条带状粉砂泥质板岩、绿帘绢云板岩、绢云千枚岩、粉砂岩夹变质细粒长石石英杂砂岩、碳质千枚岩、硅质岩等组成	分布于调查区北部必背镇以南的中山区域

续表 5-1

成土母质单元	涉及的地质单元	岩性特征	位置
震旦纪长英质变质岩类残坡积物（Z^{mcc}）	老虎塘组（$Z_2 lh$）、坝里组（$Z_1 b$）	灰色、灰绿色变余长石石英杂砂岩、凝灰质砂岩、粉砂岩与砂质板岩、千枚岩等，细粒砂岩-粉砂岩（或粉砂质板岩）-板岩、硅质岩	分布于调查区东北部必背镇一带，出露面积较小

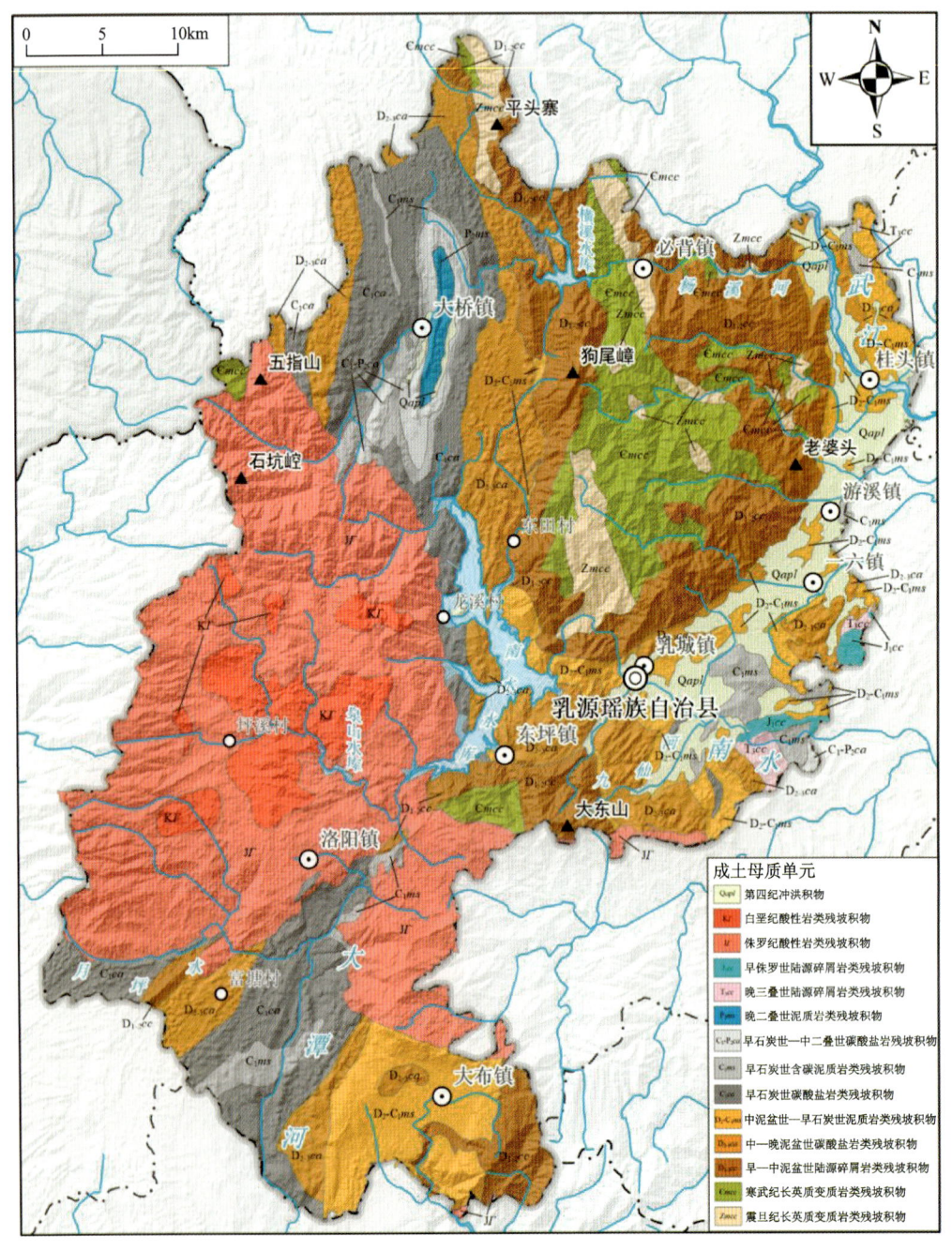

图 5-1　调查区成土母质简图

第二节 地表基质单元划分

一、地表基质的概念

2020年1月,自然资源部印发《自然资源调查监测体系构建总体方案》(简称《总体方案》),从科学性、系统性和满足当前管理需要方面构建了自然资源分层分类模型,将自然资源分层分为地下资源层、地表基质层、地表覆盖层和管理层,至此地表基质层的概念被首次提出。随后发布的《地表基质分类方案(试行)》(简称《分类方案》)将地表基质定义为"当前出露于地球陆域地表浅部或水域水体底部,主要由天然物质经自然作用形成,正在或可以孕育和支撑森林、草原、水等各类自然资源的基础物质"。《总体方案》和《分类方案》指出地表基质层位于地下资源层之上,地表覆盖层之下,但没有限定地表基质层的厚度。有关学者认为,应该综合考虑表生地质作用和生物活动能影响的深度等方面来确定地表基质层的底。我们认为,地表基质层的空间范围在基岩裸露区应该是受到风化的基岩表层,在覆盖区应该是从自然地面往下,穿过土壤,一直延伸至岩/土界面(包括风化壳中的土壤层、成土母质层和基岩半风化层等,图5-2),而在水域地区则应该是水/泥界面到岩/土界面,这个范围是地球表层系统各圈层相互作用的主要发生区域。

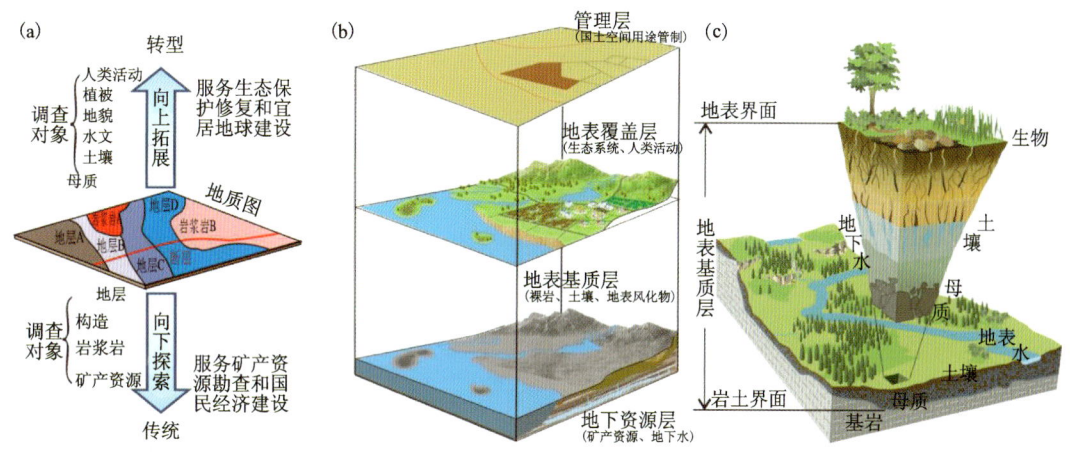

图5-2 地表基质调查模式图

(a)新时期地质调查工作服务内容;(b)地表基质调查的主要图层(据自然资源部,2020修改);(c)地球表层系统模式图(据殷志强等,2023修改)

二、地表基质的分类

不同的地表基质类型具有不同的岩土性质,以及生态修复和土地整治的难易程度。在基岩裸露区,不同的岩石类型影响风化成土和生态恢复的难易,也影响着土壤侵蚀的强度和地质灾害的易发生程度,例如碎屑岩易风化成土,生态也会较快恢复,而碳酸盐岩成土则非常困难,很难恢复生态。同种气候条件下的土质基质地区(如南方山地-丘陵区),不同的基岩风化形成的土质基质往往具有明显的差别,如花岗岩的风化物无论是土壤厚度、土壤肥力、水土保持能力都显著优于碳酸盐岩。因此,针对不同的地区,特别是南方丘陵山地区,要结合地表基质单元,划分生态地质单元,因地制宜地服务土地整治和生态保护修复。

《分类方案》中按照地表基质发育发展全过程,从形态上进行整体性区分,划分了4个一级类:岩石、砾质、土质和泥质。按地质学、土壤学等原有学科体系并结合地表基质实用性的分类原则划分14个二级类。①按照现有的《岩石分类和命名方案》(GB/T 17412.1/2/3—1998),将岩石基质分为岩浆岩、沉积岩、变质岩3个二级类;②依据第四纪沉积物的碎屑粒级分类,按照不同粒级体积含量的占比将砾质基质分为巨砾、粗砾、中砾、细砾4个二级类;③参考中国土壤系统分类土族和土系划分标准,以质地(包括砾、砂粒、黏粒)组分的含量作为划分依据,将土质基质分为粗骨土、砂土、壤土、黏土4个二级类;④参考深海沉积物分类与命名将泥质基质划分为淤泥、软泥和深海黏土3个二级类。

《分类方案》中采用岩性、粒径、质地、组成、成因等作为分类依据,划分了地表基质一级类和二级类等大类的分类方案,突出了最主要的物性特征,指导了全国地表基质调查工作的开展。但也有不足之处:①未体现下伏基岩地质建造对地表基质理化性质的影响;②未体现地形地貌对地表基质物源搬运过程的影响;③沉积物的粒度常常是过渡的,只有大量采样测量才可能得到沉积物的粒度分布,如果在三级分类方案中,继续以更精细粒度为主要分类依据,则难以填绘图件。我们认为,地表基质的三级类是能直接用于地表基质成图的地表基质填图单元,它是野外可识别、图面可表达的实体。地表基质填图单元可在已有的一级类和二级类划分的基础上,基于地表基质的物源地质建造、地表基质搬运方式和地表基质理化性质等进行进一步细分。

在本调查区地表基质以砂土、壤土和淤泥为主(图5-3)。砂土通常发育在中酸性岩和较粗的陆源碎屑岩山区,主要与白垩纪酸性岩类残坡积物(K^{γ})、侏罗纪酸性岩类残坡积物(J^{γ})和早—中泥盆世陆源碎屑岩类残坡积物(D_{1-2}^{α})等成土母质单元相关。壤土通常发育在陆源碎屑岩、碳酸盐岩山区和河谷区,主要与第四纪冲洪积物(Q^{dal})、白垩纪酸性岩类残坡积物(K^{γ})、侏罗纪酸性岩类残坡积物(J^{γ})、早侏罗世陆源碎屑岩类残坡积物(J_1^{α})、晚三叠世陆源碎屑岩类残坡积物(T_3^{α})、晚二叠世泥质岩类残坡积物(P_2^{ms})、早石炭世—中二叠世碳酸盐岩残坡积物($C_1P_2^{\alpha}$)、早石炭世含碳泥质岩类残坡积物(C_1^{ms})、早石炭世碳酸盐岩类残坡积物(C_1^{α})、中泥盆世—早石炭世泥质岩类残坡积物($D_2C_1^{ms}$)、中—晚泥盆世碳酸盐岩类残坡积物(D_{2-3}^{α})、寒武纪长英质变质岩类残坡积物(C^{mcc})和震旦纪长英质变质岩类残坡积物(Z^{mcc})等成土母质单元相关。泥质主要发育在水域以下,主要与第四纪冲洪积物(Q^{dal})等成土母质单元相关。

根据地质构造演化阶段、地质建造组合、地形地貌和地表基质成因类型,按照地质建造(岩石类基质)和地质建造+二级类(砾质、土质和泥质基质)的命名方式,在调查区划分出岩石(A)、土质(C)和泥质(D)三个地表基质一级类;岩浆岩(A1)、沉积岩(A2)、砂土(C2)、壤土(C3)和淤泥(D1)五个地表基质二级类;酸性岩类(A1$^{\gamma}$)、陆源碎屑岩类(A2$^{\alpha}$)、碳酸盐岩类(A2$^{\alpha}$)、酸性岩类砂土-壤土(C2-3$^{\gamma}$)、陆源碎屑岩类砂土(C2$^{\alpha}$)、陆源碎屑岩类壤土(C3$^{\alpha}$)、碳

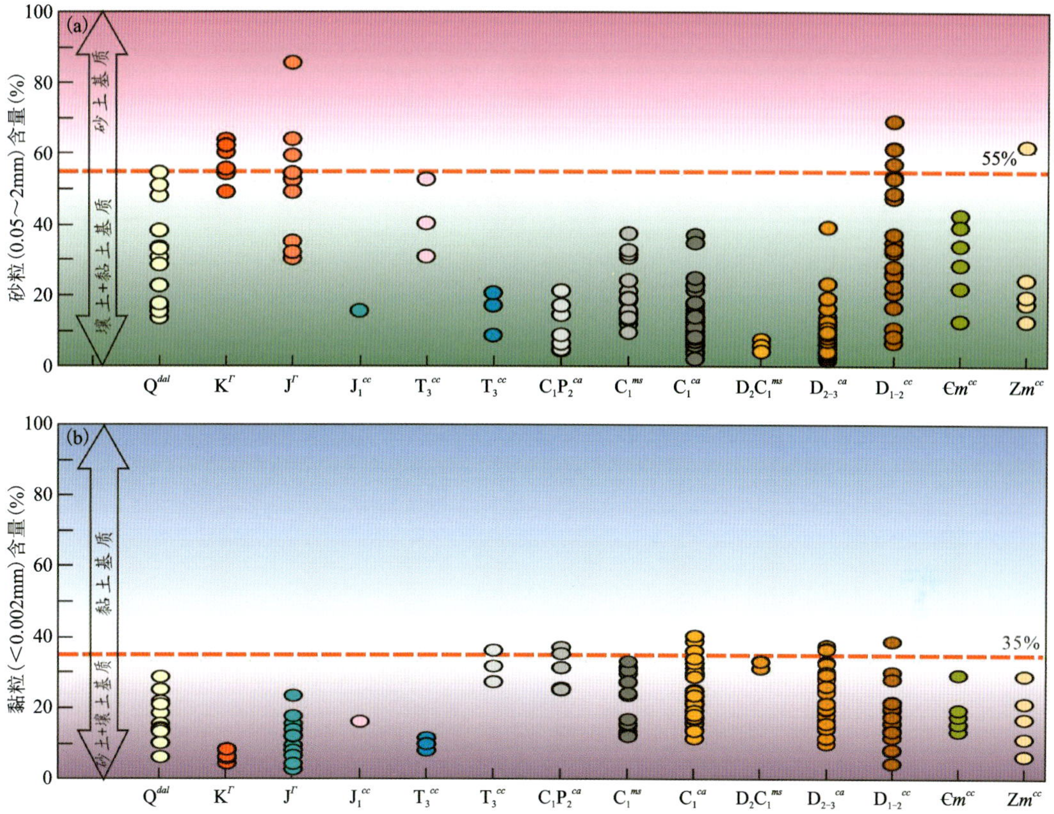

图 5-3 不同成土母质单元发育的土壤质地关系图

酸盐岩类壤土（$C3^{ca}$）、冲洪积壤土（$C3^{al}$）和湖积淤泥（$D1^{ll}$）等 7 个主要的地表基质填图单元（地表基质三级类）（表 5-2，图 5-4）。

表 5-2 调查区地表基质分类方案

一级	二级	三级
岩石（A）	岩浆岩类（A1）	酸性岩类（A^Γ）
	沉积岩类（A2）	陆源碎屑岩类（$A2^{cc}$）
		碳酸盐岩类（$A2^{ca}$）
土质（C）	砂土（C2）	陆源碎屑岩类砂土（$C2^{cc}$）
		酸性岩类砂土-壤土（$C2\text{-}3^\Gamma$）
	壤土（C3）	陆源碎屑岩类壤土（$C3^{cc}$）
		碳酸盐岩类壤土（$C3^{ca}$）
		冲洪积壤土（$C3^{al}$）
泥质（D）	淤泥（D1）	湖积淤泥（$D1^{ll}$）
		第四纪湖积淤泥（$Q^{ll}\text{-}D1$）

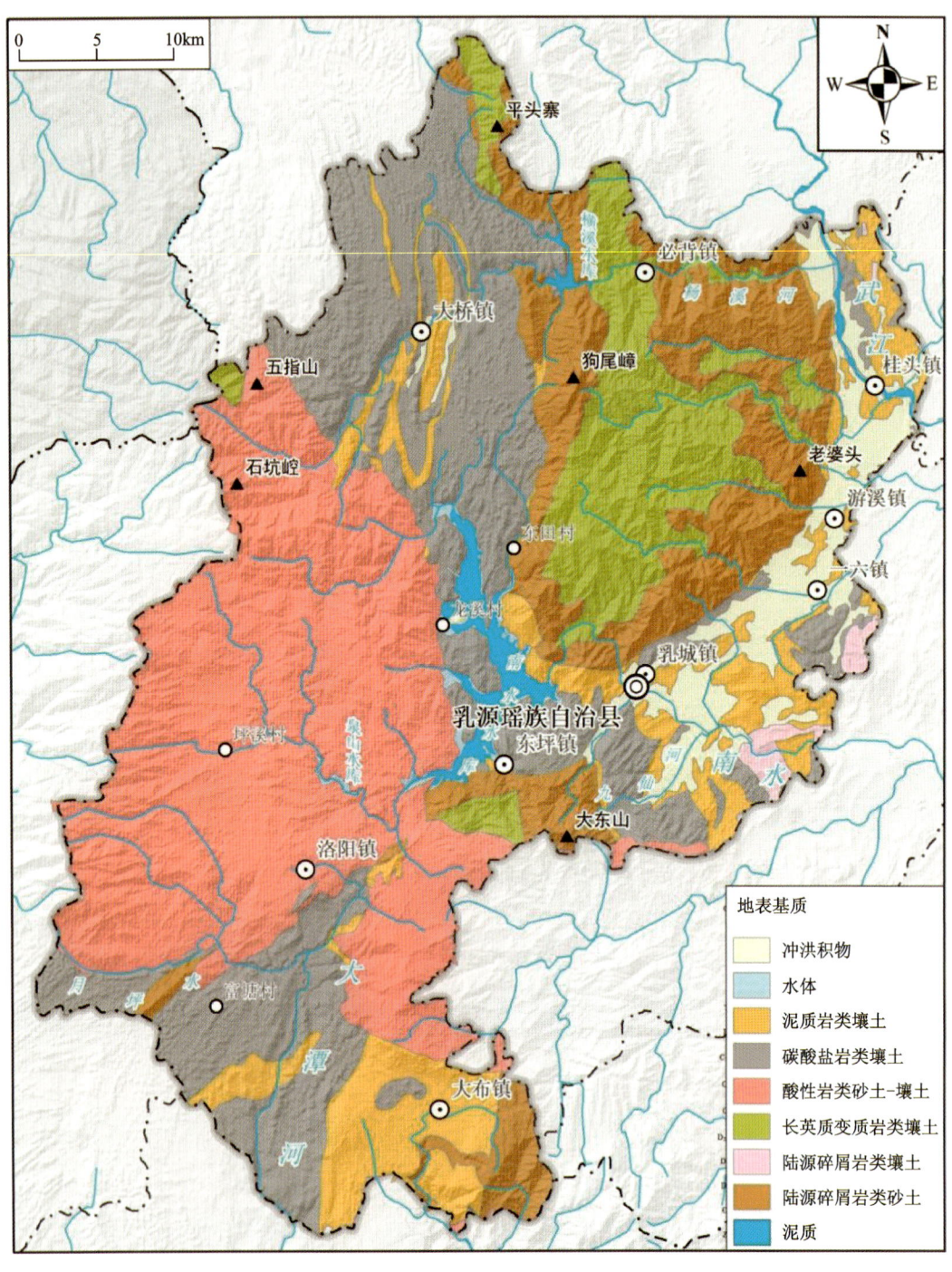

图 5-4 调查区地表基质简图

第三节 成土母质与地表基质单元对生态环境的制约

一、陆源沉积岩残坡积物

该类母质区内主要为石英砂岩、粉砂岩、泥页岩等岩石的风化物，分布面积较广，以中碎屑—细碎屑岩为主，少量粗碎屑岩。主要分布于乳源县南部大布镇周边，以及东部乳城镇—桂头镇一带，地貌类型主要为剥蚀侵蚀低山、丘陵。其中石英砂岩、砂砾岩等，岩性坚硬、难风化，陡坡地段风化层厚度较薄，易造成水土流失，土壤多为砂质或粉质、多石砾，缺乏盐基成分，呈酸性，有效养分较贫乏，保肥保水能力相对较低，形成的土壤植物适生性较差；粉砂岩、泥页岩等，岩性偏软、易风化，土质层厚度大，质地均匀而黏重，为壤土或黏土，砂粒含量低、黏性好，适合植被及经济作物生长。

（一）中—晚泥盆世陆源碎屑岩残坡积物

成土母岩主体为灰黄色薄—中层状泥岩、粉砂质泥岩、粉砂岩、钙质页岩等。岩石主要矿物成分为黏土矿物、岩屑、长英质矿物碎屑等。岩石沉积环境多为滨海潮坪相沉积，属于陆源沉积岩。土壤发育较好，土质层厚度与褶皱构造关系较密切，向斜褶皱发育的岩石层段土质层较厚，背斜褶皱段及岩层产状平缓段土质层较薄，尤其母质C层厚度变化较明显（图5-5）。

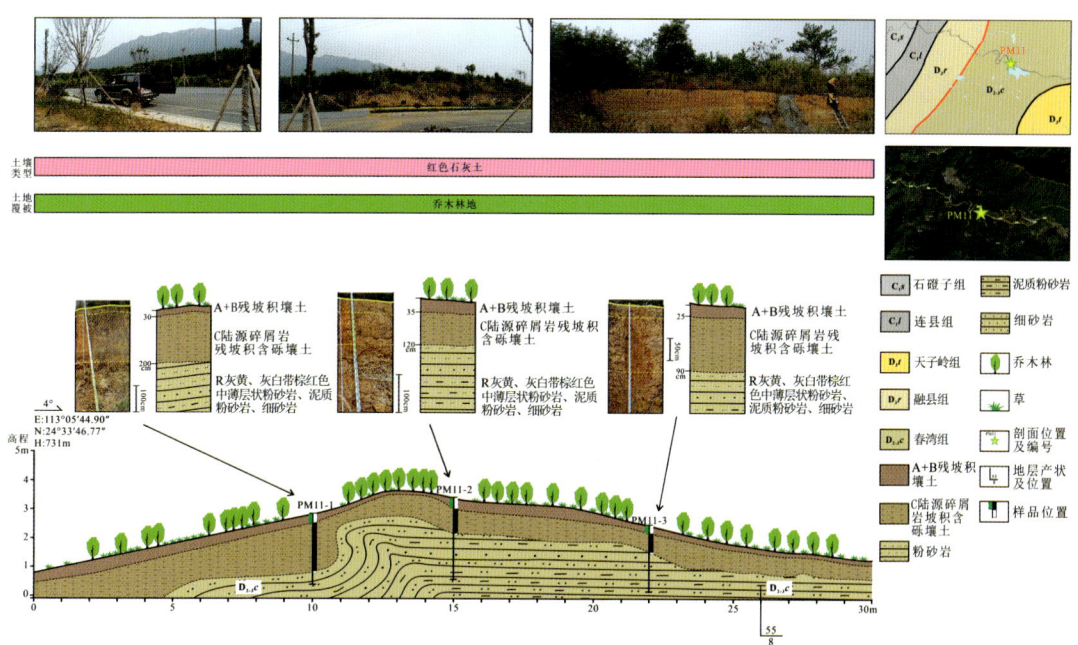

图 5-5　中—晚泥盆世陆源碎屑岩生态地质剖面图

按地表基质分类，土壤 AB 层主要为壤土，其中粉砂粒及黏粒含量较高，筛除砾质后平均质量含量砂粒 9.66%、粉砂粒 52.55%、黏粒 27.79%，主要由粉砂质黏土组成。土壤平均干密度 1.04g/cm³，土壤含水率较高，主要盐基（K、Ca、Na、Mg）氧化物总含量平均值为 6.02%。主要重金属含量及酸碱度如表 5-3 所示，除 As 含量稍微超出土壤环境质量筛选值外，其余元素含量均处于清洁水平，As 含量超筛选值主要由于原岩本身钙泥质高砷的地质背景所致。pH 值范围 4.80~5.16，整体元素含量均处于清洁水平，偏酸性。

表 5-3 调查区主要成土母质单元重金属含量与酸碱度

成土母质单元	砷	铬	铅	镉	汞	pH 值
中—晚泥盆世陆源碎屑岩残坡积物	47.77	98.03	37.53	0.05	0.25	4.80~5.16
早石炭世碳酸岩盐残坡积物	17.57	106.60	35.60	0.85	0.15	5.69~7.59
晚三叠世陆源碎屑岩残坡积物	14.73	48.17	21.60	0.06	0.10	4.07~4.49
侏罗纪酸性侵入岩残坡积物	7.52	22.13	67.27	0.09	0.09	4.40~4.72
白垩纪酸性侵入岩残坡积物	3.53	3.55	101.77	0.07	0.08	4.51~4.68
寒武纪长英质-泥质变质岩残坡积物	17.38	94.72	24.67	0.11	0.09	4.41~4.58
震旦纪长英质变质岩残坡积物	13.46	100.08	36.56	0.11	0.15	4.51~4.90

（二）晚三叠世陆源碎屑岩残坡积物

成土母岩主体为灰黄色薄层状细砂岩、灰白色中层状石英砂岩等。岩石主要矿物成分为石英、长石及少量岩屑等，夹粉砂质页岩及碳质页岩和煤层。岩石沉积环境为滨海潟湖相沉积，属于陆源沉积岩。土质层厚度与褶皱构造关系较为明显，斜歪褶皱相间分布。岩性以脆性的石英砂岩为主，构造发育岩层十分破碎，坡积物较多，位于向斜核部段成土母质 C 层明显增厚，下部岩块和砾石含量明显增加，位于背斜核部段及石英砂岩段土质层明显变薄（图 5-6）。

根据地表基质分类，土壤 AB 层主要为壤土，其中粉砂粒及砂粒含量较高，筛除砾质后平均质量含量砂粒 41.0%、粉砂粒 49.25%、黏粒 9.74%，主要由粉壤土及壤土组成。土壤平均干密度 0.82g/cm³，土壤通透性能好，主要盐基（K、Ca、Na、Mg）氧化物总含量平均值为 1.29%，主要重金属 Cd、Hg、Pb、Cr、As 等均处于清洁水平，未出现超过筛选值的重金属含量（表 5-3），整体土壤环境优良。pH 值范围 4.07~4.49，整体偏酸性。

二、内源沉积岩残坡积物

区内主要为碳酸盐岩及少量硅质岩的风化物，分布面积较广，主要分布于乳源县北部大桥镇周边一带，少量分布于乳源县西南部，地貌类型主要为溶蚀侵蚀低山、丘陵。碳酸盐经受含碳酸的地表水或地下水的溶解作用而流失，不溶于水的一些黏土或硅质矿物残留堆积在裸岩之间，形成厚薄不均、以薄层为主的风化物，质地黏重。形成的土壤含石灰质较多，但缺少磷和钾，一般呈中性或弱碱性。由于土质黏重，呈松泡的核状结构，土壤易干旱，一般植物生

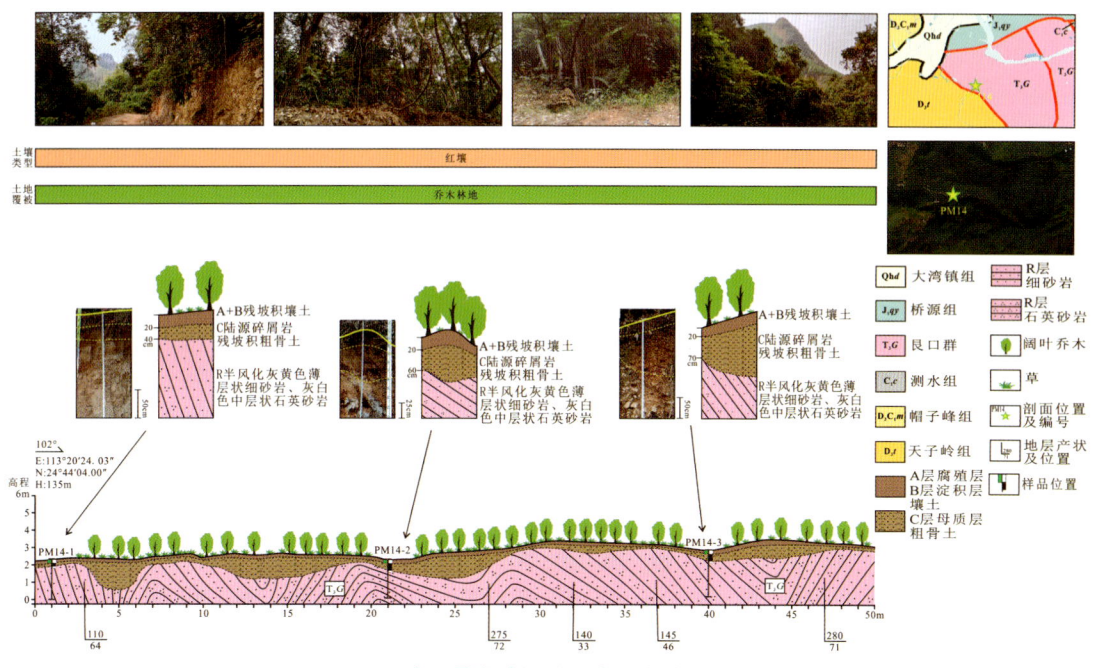

图 5-6 晚三叠世陆源碎屑岩生态地质剖面图

长不好，水土难以保持。

本次调查选择发生石漠化最主要的母岩单元早石炭世碳酸盐岩，进行早石炭世碳酸盐岩残坡积物垂向剖面测制（图 5-7）。成土母岩主体为灰黑色中—中厚层状灰岩、白云质灰岩，岩石主要矿物成分为方解石、白云石等。岩石沉积环境属于半闭塞-开阔台地相碳酸盐岩沉积，属于内源沉积岩，早石炭世碳酸盐岩地层中褶皱十分发育。残坡积物的土质层厚度变化较明显，土壤发育很大程度受地层产状、构造的影响，受岩性影响较小。由路线及剖面观测，成土母质 C 层发育较差，土质层主要发育于压扭断裂带及岩层产状平缓段，其余岩层产状较陡的土质层较薄或为裸岩出露。

按地表基质分类，土壤 AB 层主要为壤土及少量黏土，其中粉砂粒含量较高，筛除砾质后平均质量含量砂粒 18.45%、粉砂粒 61.49%、黏粒 20.05%，主要由粉壤土、粉砂质黏土组成。土壤 A 层平均干密度 $1.06g/cm^3$，土壤含水率较低，主要盐基（K、Ca、Na、Mg）氧化物总含量平均值为 3.53%。主要重金属 Cd 超出筛选值较多，其余元素含量均处于清洁水平（表 5-3）。究其原因，在对比不同土壤层的元素含量发现，土壤剖面底层，越靠近原岩，其 Cd 含量越高，该类成土母质剖面测制，共采集 15 件土壤样品做地球化学分析测试，其中 5 件底层样品 Cd 含量均超过 $1.0\mu g/g$，为土壤的高 Cd 含量提供了物质基础，原岩高含量是土壤 Cd 超出筛选值的主要原因。pH 值范围 5.69～7.59，整体偏弱碱性。

三、酸性侵入岩残坡积物

区内主要分布于洛阳镇西北部一带，少量分布于大布镇北部，是广东南岭国家公园乳源境内的最主要成土母质，地貌类型主要为岩浆岩剥蚀侵蚀中低山。基岩比较容易发生物理崩

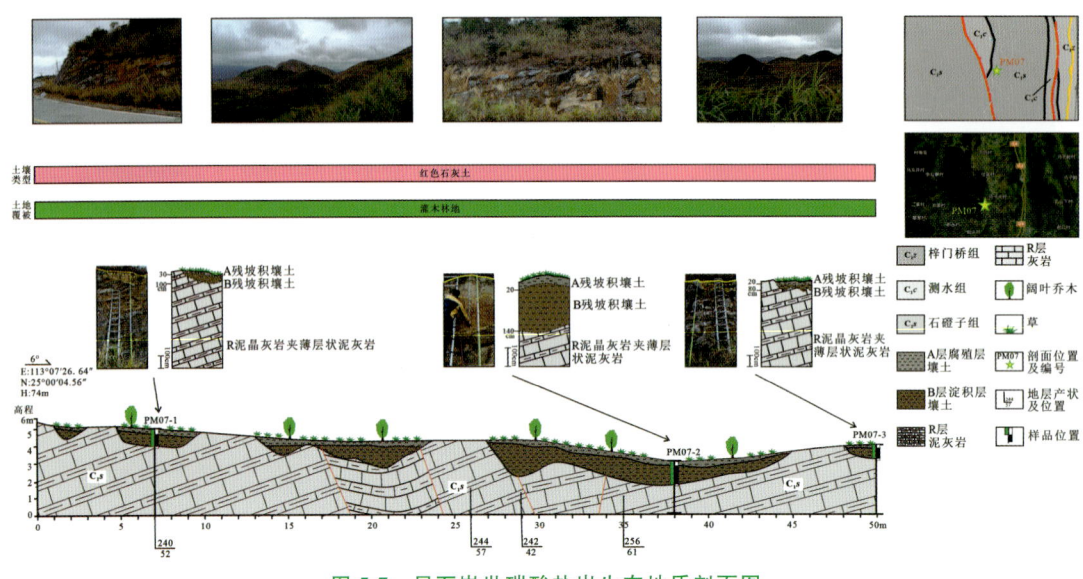

图 5-7　早石炭世碳酸盐岩生态地质剖面图

解，易侵蚀，总体易形成厚层砂壤质风化物，土壤适宜一般用材树种的生长，尤其适合各种松、杉等针叶树种和竹类的生长，喜酸植物铁芒萁大量繁殖。

（一）侏罗纪酸性侵入岩残坡积物

成土母岩主体为中粗粒（斑状）黑云母二长花岗岩，在酸性侵入岩类中其风化程度相对较高，岩石主要矿物成分为长石、石英及少量黑云母等，酸性斜长石含量相对较高。岩体侵位深度为深成相，岩体呈岩基状侵入早期沉积地层，属于酸性深成侵入岩类。残坡积物的土质层厚度变化较明显，土壤发育很大程度受地形及坡度的影响，受岩性影响较小，随地形坡度变陡，母质 C 层厚度明显变薄（图 5-8）。

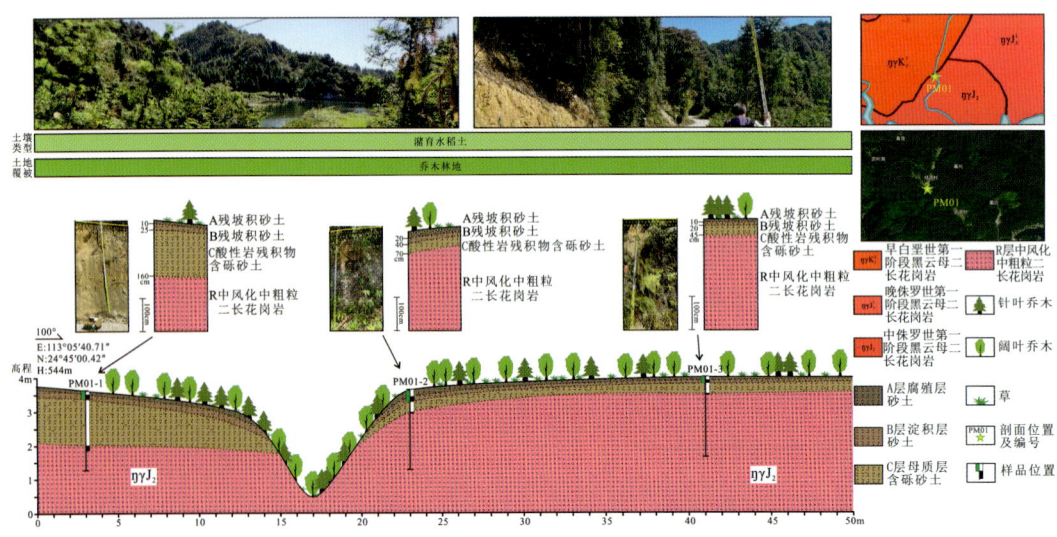

图 5-8　侏罗纪酸性侵入岩生态地质剖面图

根据地表基质分类,土壤 AB 层主要为壤土,其中砂粒、粉砂粒含量较高,筛除砾质后平均质量含量砂粒 51.48%、粉砂粒 37.16%、黏粒 11.35%,主要由壤土、砂壤土组成。土壤平均干密度 0.97g/cm³,土壤通透性能较好,主要盐基(K、Ca、Na、Mg)氧化物总含量平均值为 3.92%,主要重金属(As、Cr、Pb、Hg、Cd)含量平均值见表 5-3,含量均未超筛选值,整体处于清洁水平。pH 值范围 4.40~4.72,偏酸性。

(二)白垩纪酸性侵入岩残坡积物

成土母岩主体为中细粒黑云母二长花岗岩,在酸性侵入岩类中其风化程度相对较低,岩石主要矿物成分为长石、石英及少量黑云母等,碱性斜长石含量相对略高。岩体侵位深度为中深成相,岩体主要呈岩株侵入早期岩体,属于酸性中深成侵入岩类。残坡积物的土质层厚度变化较明显,坡积成因坡度较缓的凹地、风化程度较高的构造节理发育段,土质层明显增厚(图 5-9)。

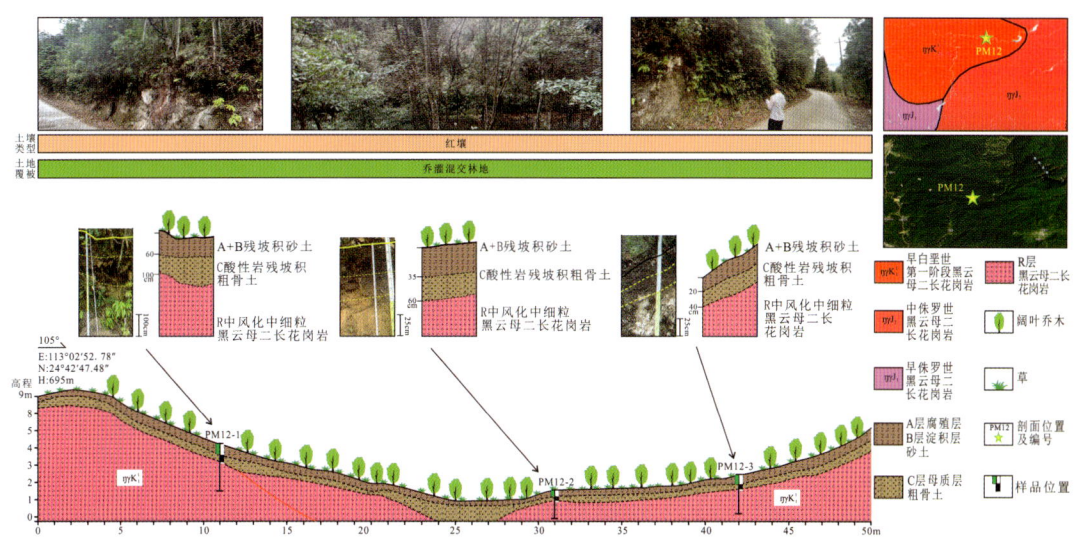

图 5-9 白垩纪酸性侵入岩生态地质剖面图

按地表基质分类,土壤 AB 层主要为壤土及砂土,其中砂粒含量较高,筛除砾质后平均质量含量砂粒 57.22%、粉砂粒 35.96%、黏粒 6.82%,主要由砂壤土组成。土壤 A 层平均干密度 0.75g/cm³,土壤通透性能好,主要盐基(K、Ca、Na、Mg)氧化物总含量平均值为 4.28%,主要重金属 Pb 含量 101.77μg/g,超筛选值,其余元素含量均处于清洁水平(表 5-3)。根据 2021 年韶关市地方标准《土壤环境背景值》(DB 4402/T 08—2021),韶关地区花岗岩类母质土壤背景值为 115.00μg/g,因此,白垩纪酸性侵入岩残坡积物土壤 Pb 超过筛选值,是由于区域整体高 Pb 背景所致。pH 值范围为 4.51~4.68,整体偏酸性。

四、长英质-泥质变质岩残坡积物

区内主要为变质砂岩、板岩、变质石英砂岩等岩石的风化物,分布面积较广,以长英质变质岩为主,局部泥质变质岩夹层较多。主要分布于乳源至必背镇一带,大瑶山周边,属市县级自然保护区。地貌类型主要为剥蚀侵蚀中山、低山。变质粉砂岩、板岩等泥质变质岩易风化，土质层厚度大，质地均匀而黏重，多为黏壤土或壤土，砂粒含量低、黏性好，适合乔木及灌木林生长。变质石英砂岩、变质砂岩等，岩性坚硬、难风化，微地貌多为山脊或平顶峰，风化层厚度较薄，土壤多含砾石，为砂质或粉质，缺乏盐基成分，呈酸性，有效养分较贫乏，形成的土壤植物适生性较差。

（一）震旦纪长英质变质岩残坡积物

成土母岩主体为灰绿—灰黄色变余长石石英杂砂岩、凝灰质砂岩，少量粉砂岩与砂质板岩等。岩石主要矿物成分为主要为石英、长石及少量黏土矿物等。岩石沉积环境属浅海—半深海相沉积，以长英质碎屑沉积为主，变质程度较低，属于长英质浅变质岩。土质层厚度变化相对较明显，土质 AB 层较薄，局部未发育，但土质母质 C 层相对较厚，并含少量砾石。土质层厚度与地形坡度及地质构造关系较密切，土质层主要发育于坡度较平缓的坡顶及低缓的鞍部。岩层因构造应力挤压，岩层产状较陡且致密，岩石风化程度较弱，仅局部劈理发育段及闭合褶皱发育段土质层相对较厚，但总体腐殖 A 层及淀积 B 层均较薄或不发育(图 5-10)。

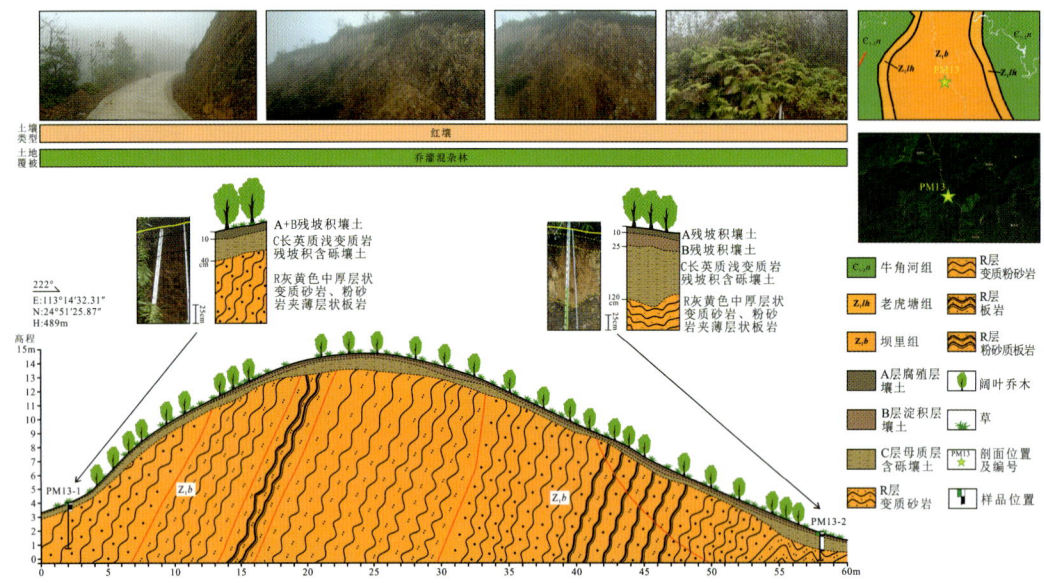

图 5-10 震旦纪长英质变质岩生态地质剖面图

按地表基质分类，土壤 AB 层主要为壤土，其中粉砂粒含量较高，黏粒含量略高于砂粒，筛除砾质后平均质量含量砂粒 16.04%、粉砂粒 61.0%、黏粒 22.95%，主要由粉壤土组成。土壤 A 层平均干密度 0.64g/cm^3，土壤通透性较好，主要盐基(K、Ca、Na、Mg)氧化物总含量平均值为 2.16%，主要重金属(Hg、Cd、Pb、Cr、As)均没有出现超筛选值含量，土壤环境处于清洁水平。pH 值范围为 4.51～4.90，整体偏酸性。

（二）寒武纪长英质-泥质变质岩残坡积物

成土母岩主体为灰绿色、青灰色中厚层状—薄层条带状粉砂质泥质板岩、粉砂岩夹变质细粒长石石英杂砂岩等。岩石矿物成分主要为黏土矿物、长英质矿物碎屑、绢云母等。岩石沉积环境为属深海—半深海的斜坡-盆地相沉积,变质程度较低,属于长英质-泥质变质岩。土质层厚度变化较明显,土壤 AB 层较薄,多未发育,但土壤母质 C 层较厚,并含大量岩块及砾石。土质层总体厚度与岩性及地质构造关系较密切,主要发育于向斜沟谷内及沟边,且泥质板岩及变质粉砂岩段土质层相对较厚,背斜高地常不发育土壤 AB 层(图 5-11)。

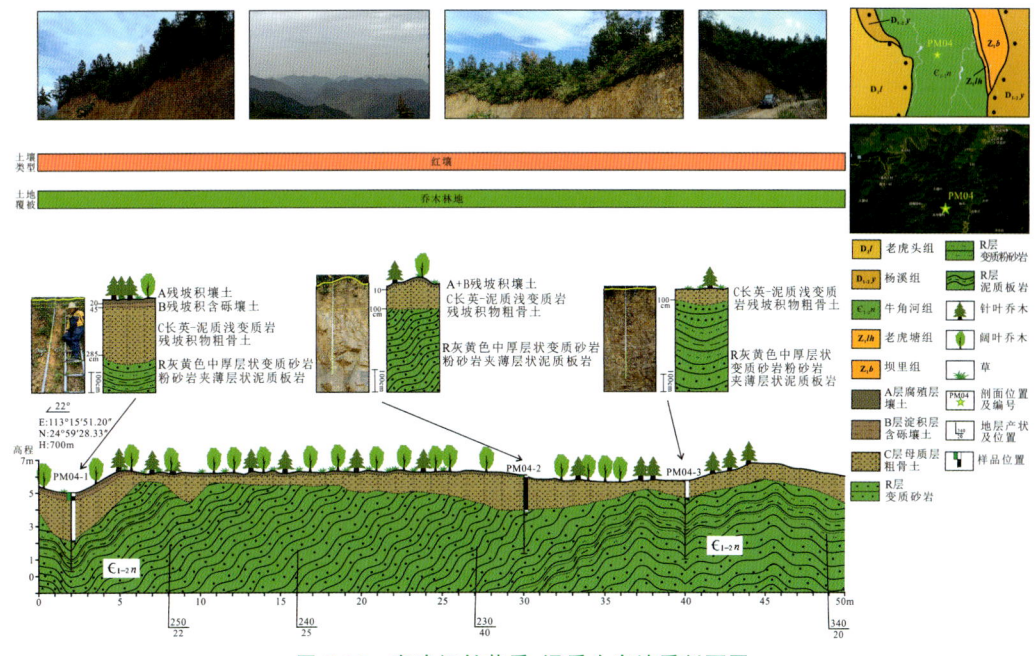

图 5-11 寒武纪长英质-泥质生态地质剖面图

按地表基质分类,土壤 AB 层主要为壤土,其中粉砂粒含量较高,黏粒与砂粒含量相近,筛除砾质后平均质量含量砂粒 24.98%、粉砂粒 56.53%、黏粒 18.50%,主要由粉壤土及壤土组成。土壤 A 层平均干密度 0.93g/cm³,土壤含水率及通透性适中,主要盐基(K、Ca、Na、Mg)氧化物总含量平均值为 2.69%。主要重金属(Hg、Cd、Pb、Cr、As)均没有出现超筛选值含量,土壤环境处于清洁水平。pH 值范围为 4.41~4.58,整体偏酸性。

第四节 四级生态地质分区

调查区按《中国陆域生态基础分区(试行)》(自然资源部,2023)属于华南生态地质大区(Ⅳ)之南岭山地丘陵生态地质区(Ⅳ₈),并跨越了都庞岭-萌渚岭岩溶、褶断山地常绿阔叶林生态地质亚区(Ⅳ₈₋ₐ)和九连山-滑石山褶断山地丘陵常绿阔叶林生态地质亚区(Ⅳ₈₋d)两个三级生在地质单元。

在全国三级生态地质区划的基础上,结合上述成土母质与地表基质和生态环境的相互作用关系,提出了适用于调查区的生态地质分区划分方案,以便聚焦不同分区的生态地质问题和生态特征。本区可划分大桥岩溶山地农林生态地质小区(Ⅳ₈₋ₐ₋₁)、大瑶山变质岩-碎屑岩山地林业生态地质小区(Ⅳ₈₋ₐ₋₂)、东山中酸性岩山地林业生态地质小区(Ⅳ₈₋ₐ₋₃)、南水水库山地-丘陵水源涵养生态地质小区(Ⅳ₈₋ₐV₄)、东坪东碳酸盐岩山地林业生态地质小区(Ⅳ₈₋ₐ₋₅)、东坪南碎屑岩山地农林生态地质小区（$Ⅳ_{8-a-6}$）、大潭河岩溶山地农林生态地质小区（$Ⅳ_{8-a-7}$）、大布碎屑岩山地农林生态地质小区（$Ⅳ_{8-a-8}$）和武江河谷平原-丘陵城镇农业生态地质小区（$Ⅳ_{8-d-1}$）9个生态地质小区（图5-12），并总结了每个小区的生态地质特征和主要生态地质问题，为生态地质脆弱性评价、国土空间规划、生态保护和修复奠定了基础（表5-4）。

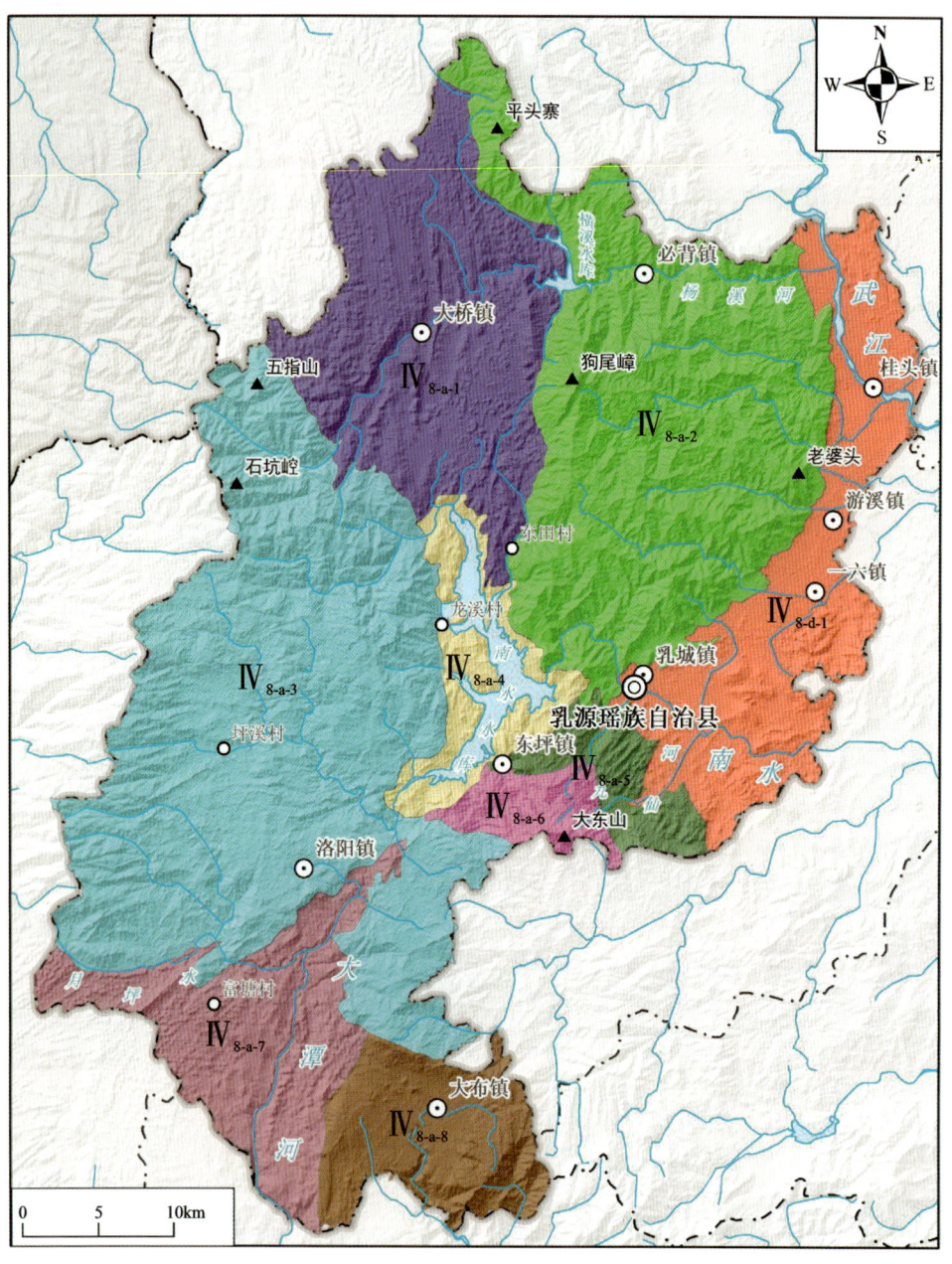

$Ⅳ_{8-a-1}$.大桥岩溶山地农林生态地质小区；$Ⅳ_{8-a-2}$.大瑶山变质岩-碎屑岩山地林业生态地质小区；$Ⅳ_{8-a-3}$.东山中酸性岩山地林业生态地质小区；$Ⅳ_{8-a-4}$.南水水库山地-丘陵水源涵养生态地质小区；$Ⅳ_{8-a-5}$.东坪东碳酸盐岩山地林业生态地质小区；$Ⅳ_{8-a-6}$.东坪南碎屑岩山地农林生态地质小区；$Ⅳ_{8-a-7}$.大潭河岩溶山地农林生态地质小区；$Ⅳ_{8-a-8}$.大布碎屑岩山地农林生态地质小区；$Ⅳ_{8-d-1}$.武江河谷平原-丘陵城镇农业生态地质小区。

图5-12 调查区生态地质分区简图

第五章 生态地质分区

表 5-4 调查区生态分区表

生态地质分区				主要生态地质特征	主要生态地质问题
一级	二级	三级	四级		
华南生态地质大区（Ⅳ）	南岭山地丘陵生态地质区（Ⅳ₈）	都庞岭－萌渚岭岩溶、褶皱断山地常绿阔叶林生态地质亚区（Ⅳ₈₋ₐ）	大桥岩溶山地衣林生态地质小区（Ⅳ₈₋ₐ₋₁）	位于武夷－云开弧盆系西缘，整体为紧闭的倒转向斜，断裂密集；成土母质主要为早石炭世－中二叠世碳酸盐岩类残坡积物，早石炭世碳酸盐岩类残坡积物，中－晚泥盆世碳酸盐岩类残坡积物，局部为晚二叠世泥质岩类残坡积物；地貌主要为溶蚀侵蚀丘陵；气候为亚热带湿润气候；土壤主要为石灰土、水稻土；植被主要为针叶林、针阔混交林、灌丛、草丛和栽培植被等	石漠化及水土流失较严重；水源涵养和土壤保持功能较弱；具有发育以崩塌、滑坡和泥石流为主的地质灾害风险
			大瑶山变质岩山地林业生态地质小区（Ⅳ₈₋ₐ₋₂）	位于武夷－云开弧盆系西缘，整体为开阔的背斜，地形坡度陡；成土母质主要为早－中泥盆世陆源碎屑岩类残坡积物，震旦纪长英质变质岩类残坡积物，寒武纪长英质变质岩类残坡积物；地貌主要为侵蚀剥蚀山；气候为亚热带湿润气候；土壤主要为红壤和黄壤；植被主要为针叶林、针阔混交林等	具有发育以崩塌、滑坡和泥石流为主的地质灾害风险
			东山中酸性岩山地林业生态地质小区（Ⅳ₈₋ₐ₋₃）	位于武夷－云开弧盆系西缘，整体为白垩纪－侏罗纪复式中酸性侵入体；成土母质主要为白垩纪岩类残坡积物和侏罗纪酸性岩类残坡积物；地貌主要为侵蚀剥蚀低山；气候为亚热带湿润气候；土壤主要为红壤和黄壤；植被主要为针叶林、针阔混交林等	具有发育以崩塌、滑坡和泥石流为主的地质灾害风险
			南水水库山地－丘陵水源涵养生态地质小区（Ⅳ₈₋ₐ₋₄）	位于武夷－云开弧盆系西缘；成土母质主要为晚泥盆世碳酸盐岩类残坡积物，晚泥盆世碳酸盐岩类残坡积物；地貌主要为溶蚀侵蚀低山和侵蚀剥蚀低山；气候为亚热带湿润气候；土壤主要为石灰土、红壤和黄壤；植被主要为针叶林、针阔混交林和草地等	具有石漠化、水土流失风险，具有发育以崩塌、滑坡和泥石流为主的地质灾害风险

续表 5-4

生态地质分区				主要生态地质特征	主要生态地质问题
一级	二级	三级	四级		
华南生态地质大区（Ⅳ）	南岭山地丘陵生态地质区（Ⅳ₈）	都庞岭－萌渚岭－褶断山地绿阔叶林生态地质亚区（Ⅳ₈₋ₐ）	东坪东碳酸盐岩山地林业生态地质小区（Ⅳ₈₋ₐ₋₅）	位于武夷－云开弧盆系西缘，碳酸盐岩类残坡积岩物，断裂密集；成土母质主要为中—晚泥盆世碳酸盐岩类残坡积物；地貌主要为亚热带湿润气候；土壤主要为石灰土，植被主要为针叶林、针阔混交林、灌丛、草丛和栽培植被等	石漠化及水土流失风险；水源涵养和土壤保持功能较弱；具有发育以崩塌、滑坡和泥石流为主的地质灾害风险
			东坪南碎屑岩山地农林生态地质小区（Ⅳ₈₋ₐ₋₆）	位于武夷－云开弧盆系西缘，整体为开阔的背斜，断裂密集；成土母质主要为中泥盆世碎屑岩类残坡积物；地貌主要为侵蚀剥蚀低山、中一中泥盆世陆源碎屑岩类残坡积物；气候为亚热带湿润气候；土壤主要为红壤和黄壤，植被主要为针叶林、针阔混交林等	水源涵养和土壤保持功能较弱；具有发育以崩塌、滑坡和泥石流为主的地质灾害风险
			大瑶河岩溶山地农林生态地质小区（Ⅳ₈₋ₐ₋₇）	位于武夷－云开弧盆系西缘，整体为开阔的向斜，断裂密集；成土母质主要为早石炭世碳酸盐岩类残坡积物；地貌主要为溶蚀侵蚀剥蚀低山、中—晚泥盆世碳酸盐岩类残坡积；土壤；植被主要为针叶林、针阔混交林、灌丛、草丛和栽培植被等	石漠化及水土流失显著；水源涵养和土壤保持功能较弱；具有发育以崩塌、滑坡和泥石流为主的地质灾害风险
			大布碎屑岩山地农林生态地质小区（Ⅳ₈₋ₐ₋₈）	位于武夷－云开弧盆系西缘，整体为开阔的丹霞地貌；成土母质主要为早石炭世陆源碎屑岩类残坡积物；地貌主要为中—晚泥盆世陆源碎屑岩类残坡积物；发育大峡谷和瀑布，呈现出典型的丹霞地貌；气候为亚热带湿润气候；土壤主要为红壤和黄壤，植被主要为针叶林、针阔混交林等	水源涵养和土壤保持功能较弱；具有发育以崩塌、滑坡和泥石流为主的地质灾害风险
		九连山－清远山褶断山地丘陵常绿阔叶林生态地质亚区（Ⅳ₈₋d）	武江河谷平原－丘陵城镇农业生态地质小区（Ⅳ₈₋d₋₁）	位于武夷－云开弧盆系西缘，整体为第四纪冲洪积物，晚三叠世含煤岩类残坡积物，早石炭世残坡积物等；地貌主要为第四纪河谷、早石炭世侵蚀平原和侵蚀剥蚀丘陵；气候为亚热带湿润气候；土壤主要为红壤和水稻土；植被主要为栽培植被、阔叶林、针叶林，针阔混交林等	人类活动强度较高，生境退化、农业面源污染等

第六章 生态地质脆弱性与分区评价

在野外调查、遥感解译和综合研究的基础上,对调查区生态地质脆弱性进行评价,并划分生态地质脆弱性分区,旨在为该地区生态保护与修复、国土空间规划提供科学依据。

第一节 生态地质脆弱性评价

一、评价指标

自然界可简单分为生物与非生物两大类,虽然这两大类几乎总是可区别、可分开的,但它们又不能彼此孤立地存在。一方面,生物依赖于环境,它们必须与环境连续地交换物质和能量,需适应于环境才能生存;另一方面,生物又影响环境,不断改造环境条件,生物与环境在相互作用中形成统一的整体,亦即生物与环境密不可分,它们一起构成了生态环境。如果我们从地球系统科学的角度出发,将岩石圈、生物圈、大气圈、水圈等圈层作为一个系统看待,影响或者说控制这些圈层之间能量与物质交换的动力为地球的内、外营力,其结果都是地球内外营力综合作用的结果。因此,从地球系统科学和多圈层交互作用来看,影响区域生态环境的因素有气象、水文、地形地貌、地质条件、人类活动等。

从气象条件的角度,与植被生长关系最为密切的水、光、热、风等条件在区内都非常优越,光热条件与降水都十分适宜植被生长,完全可以满足植被生长所需。因此,气象条件并不会造成植被生长的巨大差异,不是控制该地区生态地质的主控因素。从水文条件出发,境内雨量充沛,地表径流发达,流量大,水资源丰富,完全能够满足植被生长需求,也完全能够满足生态需求,水文也不是影响生态地质脆弱性的主控因素。通过对影响调查区生态地质脆弱性的因素进行综合分析,调查区"水热光"条件好,且全区差别不大,气象水文不是控制生态地质脆弱性的主要因素,排除二者后,生态地质脆弱性的主控因素为地质条件、生态地质问题和生态系统本身,即调查区生态地质脆弱性主要受生态地质条件、生态地质问题和生态系统恢复力(生态系统自身的抗压能力)所控制。因此,根据生态地质条件、生态地质问题和生态系统恢复力筛选评价指标,可使评价指标更具针对性和系统性,能够真实、全面地反映出调查区生态地质脆弱性的本质特征,更为科学合理。

在野外实地生态地质调查的基础上,结合前人研究成果,选择坡度、坡向、成土母质、断裂等密度、含水岩组富水性、土壤含水率和土壤肥力作为生态地质条件指标;选择地质灾害易发性、石漠化敏感性、土壤侵蚀强度(水土流失)和土壤污染指数作为主要生态地质问题指标;选择生态系统类型、植被覆盖度和人口密度作为生态系统恢复力指标。对筛选出来的评价指标进行量化与分级,分别对应生态地质脆弱性的不脆弱、轻度脆弱、中度脆弱、高度脆弱和极脆弱等级,然后赋予不同的分值,构建了调查区域生态地质脆弱性评价指标体系(表6-1)。

表 6-1 调查区域生态地质脆弱性评价指标

	评价指标	不脆弱	轻度脆弱	中度脆弱	高度脆弱	极脆弱
生态地质条件	坡度	<8°	8°~15°	15°~25°	25°~35°	>35°
	坡向	平地	南坡	东南坡、西南坡	东坡、西坡、东北坡、西北坡	北坡
	成土母质	第四纪冲洪积物	震旦纪长英质变质岩类残坡积物、寒武纪长英质变质岩类残坡积物、侏罗纪酸性岩类残坡积物、白垩纪酸性岩类残坡积物	早侏罗世陆源碎屑岩类残坡积物、晚三叠世陆源碎屑岩类残坡积物、早—中泥盆世陆源碎屑岩类残坡积物、早石炭世含碳泥质岩类残坡积物、中泥盆世—早石炭世泥质岩类残坡积物	晚二叠世泥质岩类残坡积物、中—晚泥盆世碳酸盐岩类残坡积物	早石炭世—中二叠世碳酸盐岩残坡积物、早石炭世碳酸盐岩类残坡积物
	断裂等密度(km/km²)	<20	20~40	40~60	60~80	>80
	含水岩组富水性	极丰富	丰富	中等	贫乏	极贫乏
	土壤含水率/%	13.16~14.56	12.23~13.16	11.29~12.23	10.57~11.29	10.17~10.57
	土壤养分(土壤养分地球化学综合等级)按1~5分计算分值,无量纲单位	丰富(≥4.5)	较丰富(3.5~4.5)	中等(2.5~3.5)	较缺乏(1.5~2.5)	缺乏(≤1.5)
生态地质问题	地质灾害易发性	不易发区	低易发区	中易发区	高易发区	极易发区
	石漠化敏感性	不敏感	轻度敏感	中度敏感	高度敏感	极敏感
	土壤侵蚀强度	微度	轻度	中度	强烈	极强烈、剧烈
	土壤污染指数	清洁(P_i≤1)	较清洁(1<P_i≤2)	轻度污染(2<P_i≤3)	中度污染(3<P_i≤5)	重度污染(P_i>5)
生态系统恢复力	生态系统类型	森林生态系统	水体与湿地生态系统	草地生态系统、农田生态系统	聚落生态系统	荒漠生态系统、其他生态系统
	植被覆盖度(%)	高覆盖(>60)	中覆盖(45~60)	中低覆盖(30~45)	低覆盖(10~30)	裸地(<10)
	人口密度(人/km²)	无人区(<1)	人口极稀(1~100)	人口稀少(100~500)	中等区(500~1000)	密集(>1000)

续表 6-1

评价指标	不脆弱	轻度脆弱	中度脆弱	高度脆弱	极脆弱
分级赋值（C）	1	3	5	7	9
分级标准（SS）	1.0～2.0	2.0～4.0	4.0～6.0	6.0～8.0	＞8.0

注：在下文中（单因子评价）将详细阐述 14 个评价指标的选择依据、分级赋值标准等。

二、评价方法

生态地质脆弱性评价方法较多，主要方法有指数模型法、图层叠置法、模糊物元法、函数模型法等多种。指数评价法利用统计方法或其他数学方法综合成脆弱性指数，表示评价单元脆弱性程度的相对大小，简单、容易操作，但缺乏系统性，忽略了各构成要素间的相互作用机制。函数模型评价法从脆弱性构成要素之间的相互作用关系出发，建立脆弱性评价模型，与脆弱性内涵之间对应较强，能够体现脆弱性构成要素之间的相互作用关系，但需要以生态地质脆弱性机理研究为基础，实际操作难度大。相比之下，图层叠置法作为基于地理信息系统（geographic information system，GIS）技术发展起来的一种脆弱性评价方法，通过脆弱性构成要素图层间的叠置，适用于区域生态地质脆弱性评价，既能够反映区域生态地质脆弱性的空间差异，又具有良好的可操作性，已经逐渐成为生态地质脆弱性评价的主流方法。

本次评价是从调查区生态地质条件、生态地质问题、生态系统恢复力 3 个方面筛选指标，构建评价体系与层次结构模型（图 6-1），在 GIS 的支撑下，运用层次分析法（analytic hierarchy process，AHP）赋权，采用图层叠置法开展生态地质脆弱性评价，先进行单因子生态地质脆弱性评价，然后开展生态地质脆弱性综合评价，并将评价结果按照表 6-1 中分级标准分为不脆弱、轻度脆弱、中度脆弱、高度脆弱和极脆弱 5 级。

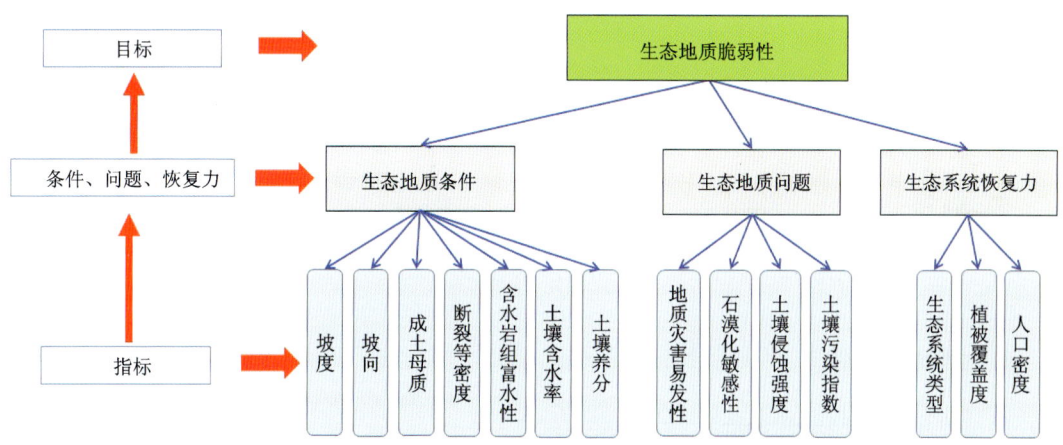

图 6-1　调查区生态地质脆弱性评价层次结构模型

三、数据来源

本次工作所使用的基础数据主要来自资料收集、遥感解译、野外调查等手段（表 6-2）。在数据加工处理的基础上，提取表 6-1 中所列的 14 项生态地质评价指标所需要的数据并分级赋值，统一转换为 Gauss Kruger 投影、30m 空间分辨率的栅格图像，为开展调查区生态地质脆弱性评价图做好数据准备。

表 6-2 调查区生态地质脆弱性评价数据来源与描述

数据名称	数据来源
乳源地区行政区划图	乳源瑶族自治县自然资源局
乳源地区土地利用现状图	乳源瑶族自治县自然资源局
乳源地区 DEM 数据	地理空间数据云（http://www.gscloud.cn）
乳源地区地质图	中国地质调查局 1∶25 万地质图（公开版）
乳源地区水文地质图	中国地质调查局 1∶20 万水文地质图（公开版）
乳源地区地质灾害易发分区图	广东省地质局第三地质大队（2016）
乳源地区土壤类型图	全国土壤普查办公室（1995）
乳源地区土壤含水率数据	国家青藏高原科学数据中心基于遥感的全球表层土壤水旬度数据集（RSSSM，2003—2020）
乳源地区土壤肥力数据	广东省地质调查院
乳源地区土壤污染指数数据	广东省地质调查院
乳源地区石漠化敏感性评价图	遥感提取与综合评价
乳源地区土壤侵蚀强度数据	根据《土壤侵蚀分类分级标准》（SL 190—2007）综合提取
乳源地区生态系统类型数据	遥感解译
乳源地区植被覆盖度数据	遥感提取
乳源地区人口密度数据	WorldPop（https://www.worldpop.org）

四、评价结果

（一）单因子评价

1. 生态地质条件

1）坡度单因子脆弱性评价

调查区地处新构造间歇上升地区，地势西北高、东南低，自西向东倾斜，境内溶蚀地貌较显著，地形切割强烈，山峦连绵，交错纵横。在这种地貌形态下，坡度决定着地表现代侵蚀作用的强度，影响着水土流失的强度、土层厚度，甚至土壤的肥力状况，坡度越大，地表物质的不稳定性就越强,土壤越容易遭受侵蚀而变薄。同时,坡度还是影响斜坡稳定性的重要因素,坡度越大,斜坡稳定性越差。因此,选用坡度作为该地区生态地质脆弱性评价的指标之一。

根据《水土保持综合治理 规划通则》(GB/T 15772—2008),坡度可分为微坡、缓坡、较缓坡、较陡坡、陡坡和急陡坡6类,其坡度范围分别为<3°、3°～8°、8°～15°、15°～25°、25°～35°和>35°。结合在本次生态地质调查中取得的认识,调查区坡度8°以下的土地,一般呈平整大块,土壤侵蚀微弱,地表物质稳定,土地适宜性好,生态地质不脆弱,而坡度大于8°的土地则不同程度地存在着一定的脆弱性。因此,将评价区坡度分为<8°、8°～15°、15°～25°、25°～35°和>35°五级,分别对应生态地质脆弱性的不脆弱、轻度脆弱、中度脆弱、高度脆弱和极脆弱(表6-1)。

以调查区DEM为基础数据,在地理信息系统中通过坡度分析得到评价区坡度图,并按表6-1的坡度分级标准进行分级,得到调查区生态地质脆弱性坡度单因子评价图(图6-2)。

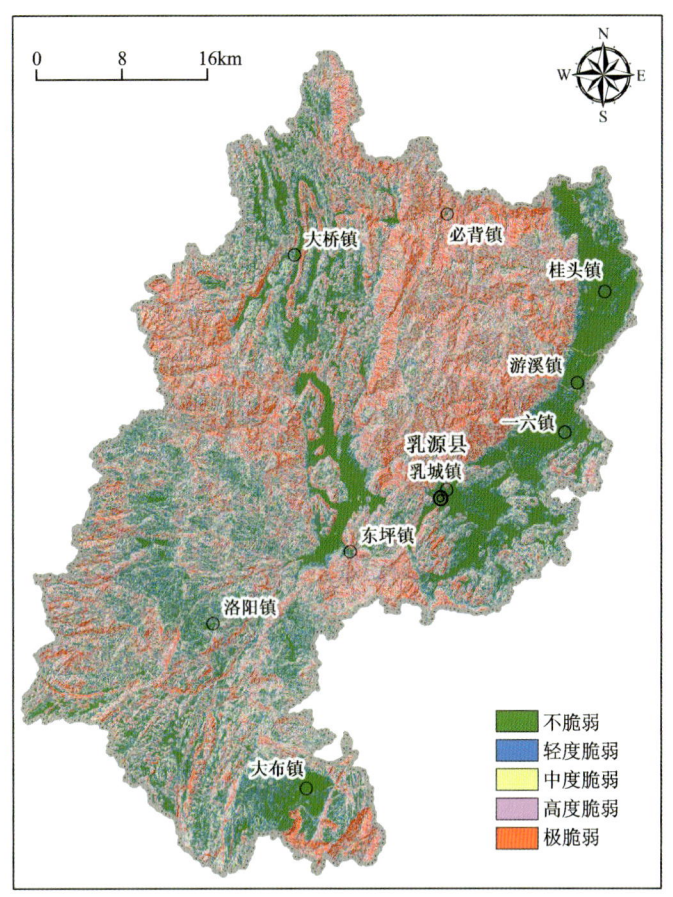

图6-2 调查区生态地质脆弱性坡度单因子评价图

调查区生态地质坡度单因子脆弱性分为不脆弱、轻度脆弱、中度脆弱、高度脆弱与极脆弱5个等级,从空间分布来看,不脆弱区主要分布在东部的桂头—游溪——六—乳城一带和大布周围区域,而高度—极脆弱区主要分布于区内山地,尤其以西北石坑崆—天门嶂一带最脆弱。

2）坡向单因子脆弱性评价

调查区大部分区域为山地,坡向对于山地生态有着较大的影响,山坡的方位对日照时数和太阳辐射强度有影响,从而影响山坡的温度和降水。向光坡(阳坡)和背光坡(阴坡)之间温度、植被的差异常常是很大的,坡向能够对植物产生影响,从而引起植物和环境的生态关系发生变化。

太阳能晒着的向南的坡叫阳坡,反之,叫阴坡。处于这两者之间,能晒着的多叫半阳坡,反之,叫半阴坡。划分坡向一般只说阳坡和阴坡,坡向按东、南、西、北、东北、东南、西北、西南及无坡向9个方位确定。对于北半球而言,平坡(平地)由于无坡向,辐射收入最多,其次为南坡,再其次为东南坡和西南坡,再次为东坡与西坡及东北坡和西北坡,最少为北坡。因此,按照平坡(平地),南坡,东南坡和西南坡,东坡、西坡、东北坡、西北坡,北坡进行分级,分别对应生态地质脆弱性的不脆弱、轻度脆弱、中度脆弱、高度脆弱、极脆弱等级(表6-1)。

以调查区 DEM 为基础数据,在 GIS 中通过坡向分析得到该地区坡向图,并按表6-1的坡向分级标准进行分级,得到调查区生态地质脆弱性坡向单因子评价图(图6-3)。整体而言,调查区生态地质脆弱性坡向单因子脆弱性空间分异较大,山地脆弱性等级偏高,平地较低。

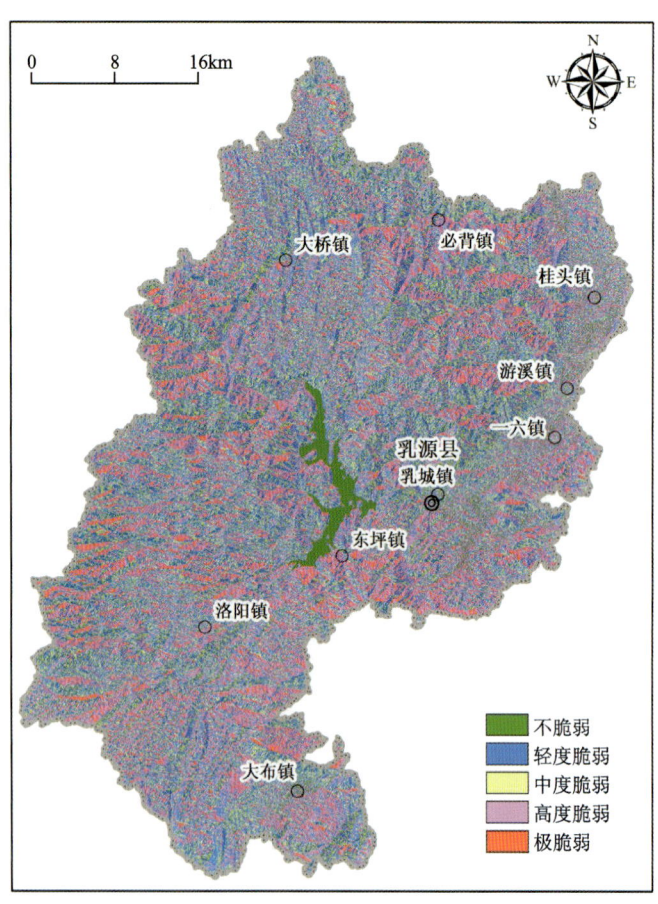

图6-3　调查区生态地质脆弱性坡向单因子评价图

3）成土母质单因子脆弱性评价

地表岩石经风化作用使岩石破碎形成的松散碎屑，物理性质改变，形成疏松的风化物——成土母质，是形成土壤的基本的原始物质，是土壤形成的物质基础和植物矿物养分元素（除氮外）的最初来源。因此，成土母质是影响调查区生态地质脆弱性的因素之一。

以区域地质调查成果为基础数据，参考传统划分的地质建造环境，依据成土母岩的岩性及岩石形成的建造环境，区内共划分出 14 个成土母质单元，并编制了成土母质单元图。在生态地质调查的基础上，对 14 个成土母质单元的生态地质特征进行综合研究，确定了成土母质单因子脆弱性评价的分级方案（表 6-1）。

在地理信息系统中，以调查区成土母质图为基础数据，按表 6-1 中的成土母质分级标准进行分级赋值，然后转为栅格图像，得到调查区生态地质脆弱性成土母质单因子评价图（图 6-4）。

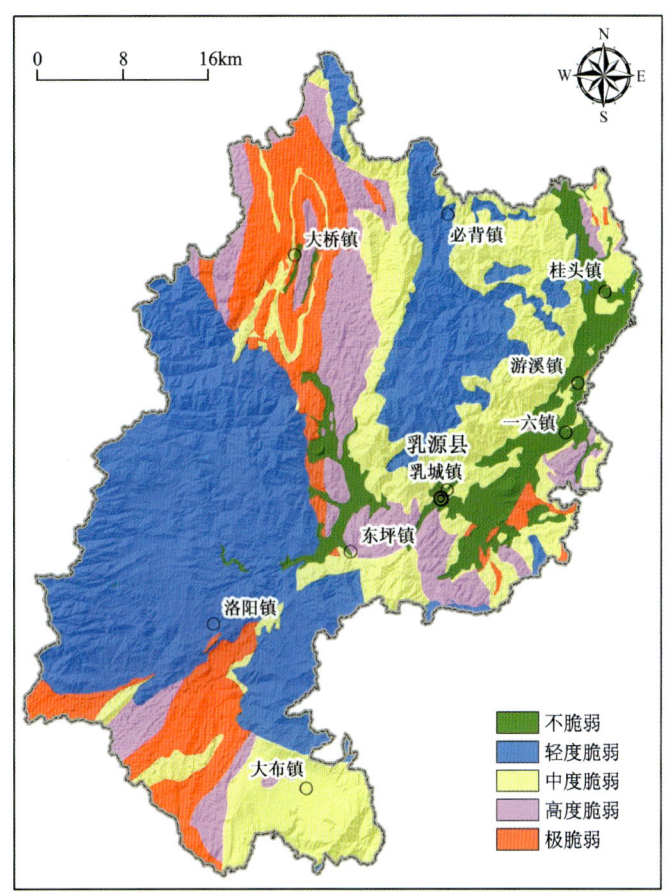

图 6-4 调查区生态地质脆弱性成土母质单因子评价图

调查区成土母质单因子生态地质脆弱性分为不脆弱、轻度脆弱、中度脆弱、高度脆弱、极脆弱 5 个等级。在空间分布上，不脆弱区域主要分布在桂头—游溪——六—乳城一带，轻度脆弱主要分布于必背镇—乳城镇一带，而大桥镇和洛阳镇北部则主要为高度—极脆弱。

4）断裂等密度单因子脆弱性评价

调查区岩石经过了多次构造运动的破坏，断裂发育，断裂构造对生态地质有着重要影响。

以往在评价断裂构造的影响时,多采用距断裂的距离来描述,简单地根据距离断裂的远近来估计断裂的影响大小,缺乏定量分析。虽然在地质图上断裂常常使用断层线来表示,然而,断裂并非仅仅只是一根简单的线,它往往有多条断层形成断裂带,并且多组方向的断裂往往互相切割,此时,简单地根据距离断裂的远近来估计断裂影响大小并不客观,不能简单地只考虑断裂长度及距离断裂的远近,还必须考虑断裂的方位、频度。

运用数理统计的方法对断裂构造进行定量分析,采用断裂构造的长度、方位与频度数据,以一定的采样网格对断裂构造进行采样,统计每个网格内断裂构造的长度与频度。在此基础上插值绘出断裂构造等密度图,它反映了断裂构造在空间上密度分布的数字特征和结构特征,即其值反映了断裂的发育程度,比单纯采用距离断裂的远近来估计断裂的影响大小更为科学、合理。

在地理信息系统中,以调查区地质图为基础数据,提取断层线图元的长度、方位与频度数据,以 2km×2km 的网格对断裂构造进行采样,统计每个网格内断裂构造的长度与频度,绘制调查区断裂构造等密度图。通过计算,调查区断裂等密度等值线的值在 $0\sim100\text{km}/\text{km}^2$ 之间,因此,以 20 为间断,即以<20、20~40、40~60、60~80、>80 进行分级,分别对应生态地质脆弱性的不脆弱、轻度脆弱、中度脆弱、高度脆弱、极脆弱等级,然后转为栅格图像,得到调查区生态地质脆弱性断裂等密度单因子评价图(图 6-5)。

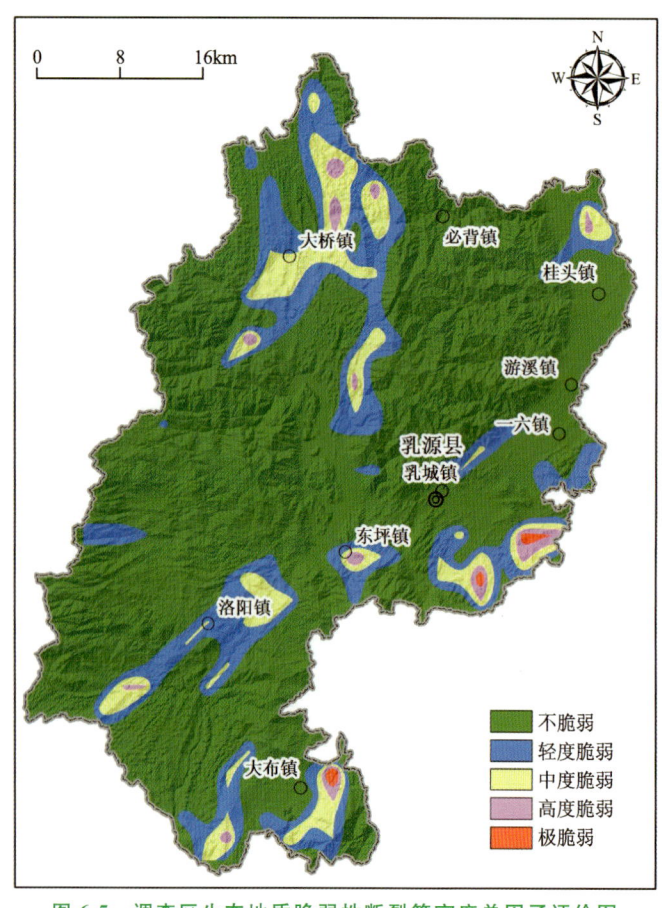

图 6-5 调查区生态地质脆弱性断裂等密度单因子评价图

调查区断裂等密度单因子生态地质脆弱性分为不脆弱、轻度脆弱、中度脆弱、高度脆弱、极脆弱5个等级,在空间分布上以不脆弱—轻度脆弱为主。区内大部分为不脆弱—轻度脆弱,中度、高度与极脆弱区域主要多以线状,集中分布在大桥镇、大布镇和乳城镇。

5)含水岩组富水性单因子脆弱性评价

地下水对植物的生长有着重要影响,也会影响到一个区域的生态环境。含水层是地下水的主要赋存空间。含水层是指储存有地下水并在天然条件或人为条件下,能流出水来的岩石,由于含水岩石大多是呈层状的,所以叫含水层。一些复杂的含水层的组合称为含水岩组,即含水岩组是指根据水文地质特征(水质、水温、富水性等)划分的水文地质单位,指含水特征相同或相近的岩层,归为同一含水岩组,多属于含水岩层的集合体,反映了地下水赋存的空间条件。含水岩组富水性是指含水层的出水能力,一般以规定统一口径井孔的最大涌水量表示,它是衡量地下水开采时,含水层出水量的标志,反映了地下水的丰富程度。本次调查,也将含水岩组富水性作为调查区生态地质脆弱性评价的水文地质因子之一。

富水性的圈定通常根据构造、岩性、地貌等主要因素来圈定,含水岩组富水性的等级划分要根据各含水岩组的结构、埋藏条件与补给来源等综合因素并结合勘探孔或生产井资料进行划分。水文地质资料以收集为主,采用已有的水文地质图,识别含水岩组,并将水文地质图中已划分的含水岩组的5个等级——极丰富、丰富、中等、贫乏、极贫乏,分别对应生态地质脆弱性的不脆弱、轻度脆弱、中度脆弱、高度脆弱、极脆弱等级,分别赋值并转换成栅格文件,获得调查区生态地质脆弱性含水岩组富水性单因子评价图(图6-6)。

调查区含水岩组富水性单因子生态地质脆弱性分为不脆弱、轻度脆弱、中度脆弱、高度脆弱4个等级,无极脆弱等级,又以轻度脆弱、高度脆弱为主。从脆弱性空间分布来看,不脆弱区域主要分布在桂头—游溪——六—乳城一带,轻度脆弱区域主要分布于洛阳镇一带,中度、高度脆弱区域主要分布于瑶山、大桥镇、大布镇、乳城镇和东坪镇。

6)土壤含水率单因子脆弱性评价

地面以下潜水面以上的地带被称为包气带,该带内的土和岩石的空隙中没有被水充满,包含有空气。包气带中的水主要存在的形式是气态水、吸附水、薄膜水和毛细管水。包气带既是流域降雨的承受面,又是土壤水的蒸发面,降雨下渗到包气带后,一部分被土壤吸收暂时储存在包气带成为土壤水,还有一部分被转化壤中流和地下径流。包气带是各种径流成分生成的重要场所,它的水分动态直接关系到各类径流成分能否形成及形成的数量大小,从而对生态系统、生态环境造成影响。因此,包气带应作为生态地质脆弱性评价的因子之一。

采用国家青藏高原科学数据中心发布的基于遥感的全球表层土壤水旬度数据集(RSSSM,2003—2020)来表征包气带对调查区生态地质脆弱性的影响。基于遥感的全球表层土壤水旬度数据集(RSSSM,2003—2020)是在世界11种常用的全球微波遥感土壤水数据产品基础上,采用神经网络方法,融入了9个微波遥感反演土壤水分的质量影响因子完成的,数据代表表层5cm土壤的含水量(含水率)。虽然RSSSM数据是基于遥感的,未融合任何降水资料,但其年际变异与降水量(如GPM IMERG降水数据)和标准化降水蒸散发指数(SPEI)的时间变异均可较好地吻合,可一定程度反映城市化、农田灌溉、植被恢复等人类活动对土壤水分的影响。

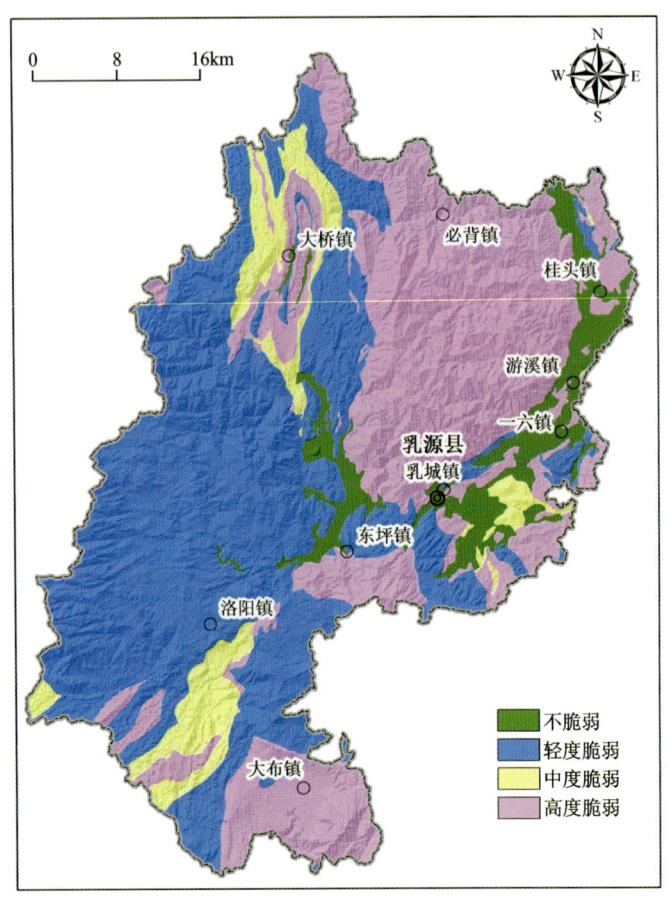

图 6-6 调查区生态地质脆弱性含水岩组富水性单因子评价图

"自然间断点"类别基于数据中固有的自然分组,将对分类间隔加以识别,可对相似值进行最恰当的分组,并可使各个类之间的差异最大化。要素将被划分为多个类,对于这些类别,会在数据值的差异相对较大的位置处设置其边界。以调查区 RSSSM 为基础数据,在地理信息系统中采用自然间断点分级法进行分级(具体分级数值见表 6-1),得到调查区生态地质脆弱性土壤含水率单因子评价图(图 6-7)。

调查区土壤含水率单因子生态地质脆弱性分为不脆弱、轻度脆弱、中度脆弱、高度脆弱和极脆弱 5 个等级,以轻度和中度脆弱为主。从脆弱性空间分布来看,不脆弱区域很小,几乎可忽略,高度—极脆弱区域分布于大桥镇—洛阳镇一带,中度脆弱区域主要分布在东北部的必背镇、桂头镇、游溪镇和一六镇一带,轻度脆弱区域主要分布于东坪镇、乳城镇和大布镇。

7)土壤养分单因子脆弱性评价

土壤养分是由土壤提供的植物生长所必需的营养元素,是植物摄取养分的重要来源之一,在植物的养分吸收总量中占很高比例。

由于土壤养分的分类为大量元素、中量元素和微量元素,通常包括 N、P、K、Ca、Mg、S、Fe、B、Mo、Zn、Mn、Cu 和 Cl 共 13 种植物生长所必需的元素。如果对每个养分元素都分别进

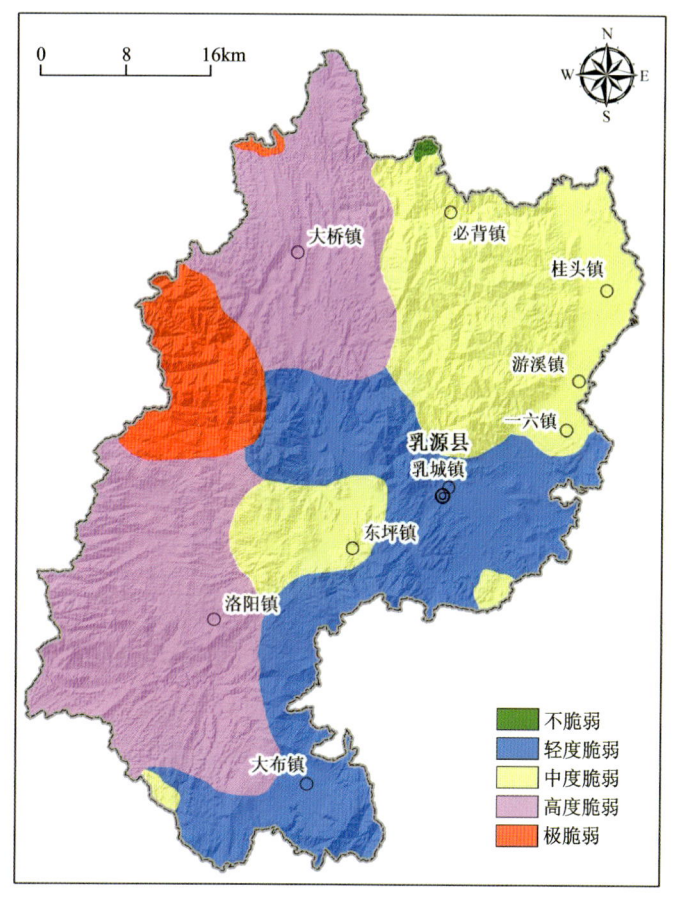

图 6-7　调查区生态地质脆弱性土壤含水率单因子评价图

行单独评价,一方面植物对每种元素的需求量不同,另一方面植物吸收作用机理也不同,再者就是各种养分必然是对植物生长起着不同的作用,且各种养分都需要被植物吸收,才能满足植物健康生长,换言之,这些养分元素组合在一起才能满足植物生长的需要,因此,需要引进一个综合指标来表征土壤养分的含量高低。为此,采用土壤养分地球化学综合等级来表征土壤养分单因子的脆弱性,按照丰富(≥4.5)、较丰富(3.5~4.5)、中等(2.5~3.5)、较缺乏(1.5~2.5)、缺乏(≤1.5)进行分级,分别对应生态地质脆弱性的不脆弱、轻度脆弱、中度脆弱、高度脆弱与极脆弱等级。

采用调查区土壤养分地球化学综合等级数据(张伟等,2021),通过空间插值获得调查区土壤养分地球化学综合等级栅格图,然后按照表 6-1 中的土壤养分地球化学综合等级分级标准重分类,得到调查区生态地质脆弱性土壤养分单因子评价图(图 6-8)。

调查区土壤养分单因子生态地质脆弱性分为不脆弱、轻度脆弱、中度脆弱、高度脆弱和极脆弱 5 个等级,以中度—高度脆弱为主。从脆弱性空间分布来看,全区大部分区域为中度脆弱区,一六镇、游溪镇、大布镇和东坪镇部分区域为高度脆弱区,整体而言,土壤养分不算丰富。

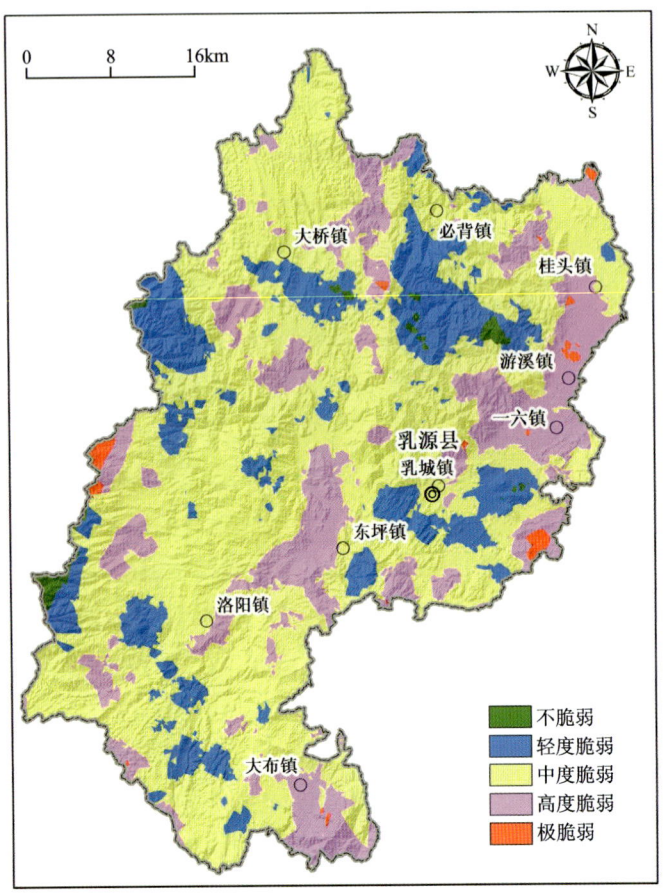

图 6-8 调查区生态地质脆弱性土壤养分单因子评价图

2. 生态地质问题

调查区主要生态地质问题为地质灾害、局部水土流失、石漠化以及部分地区的土壤受到污染。虽然地质灾害、水土流失、石漠化和土壤污染均受多种因素所控制,但就其作为一个问题而言,其对生态的危害则较为单一,都是直接危害生态环境质量,间接影响生态系统的恢复。对于生态地质脆弱性而言,地质灾害、水土流失、石漠化和土壤污染对生态地质主要起到胁迫作用,体现的是一种压力。因此,采用地质灾害易发性、石漠化敏感性、土壤侵蚀强度、土壤污染指数作为调查区主要生态地质问题的评价指标。

1) 地质灾害易发性单因子脆弱性评价

采用调查区地质灾害易发分区图(广东省地质局第三地质大队,2016),根据表 6-1 中地质灾害易发性单因子脆弱性分级赋值标准赋值,转换为栅格图像,得到调查区生态地质脆弱性地质灾害易发性单因子评价图(图 6-9)。

调查区地质灾害易发性单因子生态地质脆弱性分为轻度脆弱、中度脆弱和高度脆弱 3 个等级。从脆弱性空间分布来看,全区过半区域为轻度脆弱区,另有半数地区为中度—高度脆

第六章 生态地质脆弱性与分区评价

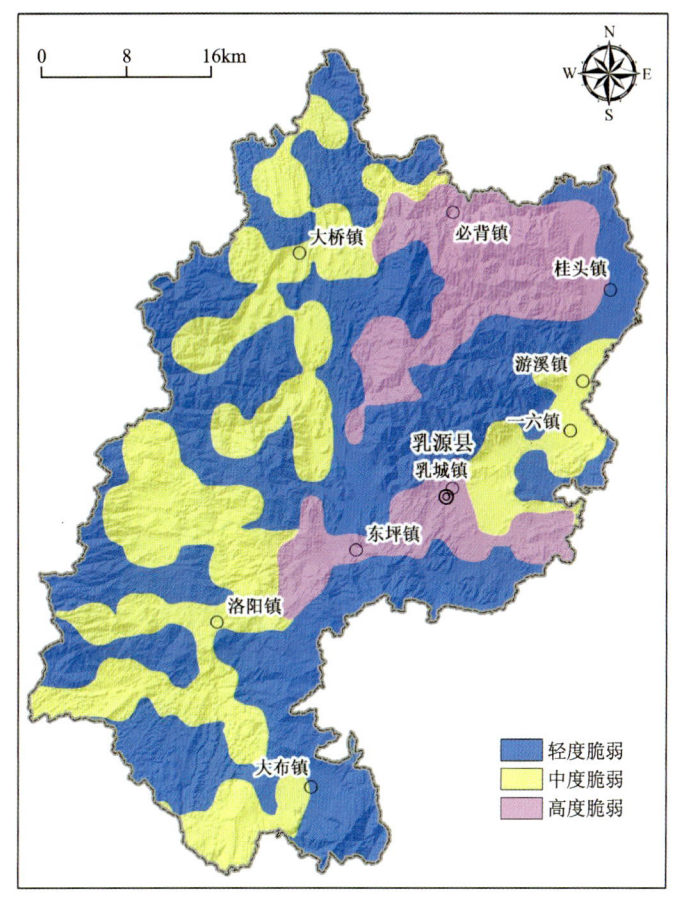

图 6-9 调查区生态地质脆弱性地质灾害易发性单因子评价图

弱区,东坪镇—乳城镇一带和必背镇—桂头镇一带为高度脆弱。调查区地质灾害整体较为易发,地质灾害对生态系统的压力较大。

2)石漠化敏感性单因子脆弱性评价

调查区生态地质脆弱性石漠化敏感性单因子评价如图 6-10 所示,根据表 6-1 中石漠化敏感性单因子脆弱性分级赋值标准赋值。

调查区石漠化敏感性单因子生态地质脆弱性分为不脆弱、轻度脆弱、中度脆弱、高度脆弱和极脆弱 5 个等级。从脆弱性空间分布来看,全县大部分区域不脆弱,中度—高度脆弱区域主要分布在大桥镇,其次为洛阳镇和大布镇交界地区。调查区石漠化整体不脆弱,仅大桥镇较为脆弱,显示大桥镇一带石漠化还相对较严重,对大桥镇一带的生态系统压力较大。

3)土壤侵蚀强度单因子脆弱性评价

采用调查区土壤侵蚀强度图(见图 4-13),根据表 6-1 中土壤侵蚀强度单因子脆弱性分级赋值标准赋值,转换为栅格图像,得到调查区生态地质脆弱性土壤侵蚀强度单因子评价图(图 6-11)。

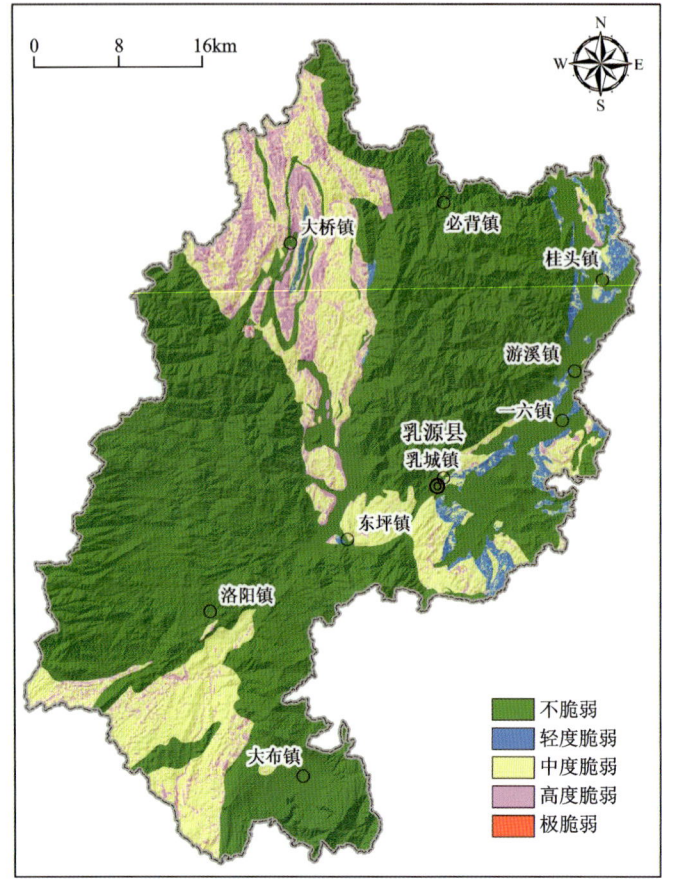

图 6-10　调查区生态地质脆弱性石漠化敏感性单因子评价图

调查区土壤侵蚀强度单因子生态地质脆弱性分为不脆弱、轻度脆弱、中度脆弱、高度脆弱和极脆弱 5 个等级。从脆弱性空间分布来看，全区大部分区域为不脆弱—轻度脆弱等级，中度—高度脆弱区域主要分布在大桥镇，其次为大布镇，再次为乳城镇和一六镇。调查区水土流失整体较为微弱，仅大桥镇一带水土流失较为严重，对当地的生态系统压力较大。

4）土壤污染指数单因子脆弱性评价

采用调查区土壤污染指数图（张伟等，2021），根据表 6-1 中土壤污染指数单因子脆弱性分级赋值标准赋值，转换为栅格图像，得到调查区生态地质脆弱性土壤污染指数单因子评价图（图 6-12）。

调查区土壤污染指数单因子生态地质脆弱性分为不脆弱、轻度脆弱、中度脆弱、高度脆弱和极脆弱 5 个等级。从脆弱性空间分布来看，全区大部分区域为不脆弱—轻度脆弱等级，中度—高度脆弱区域主要分布在大桥镇，其次为大布镇，再次为一六镇。调查区土壤整体较为清洁，仅大桥镇、大布镇一带土壤污染较为严重，对当地的生态系统压力较大。

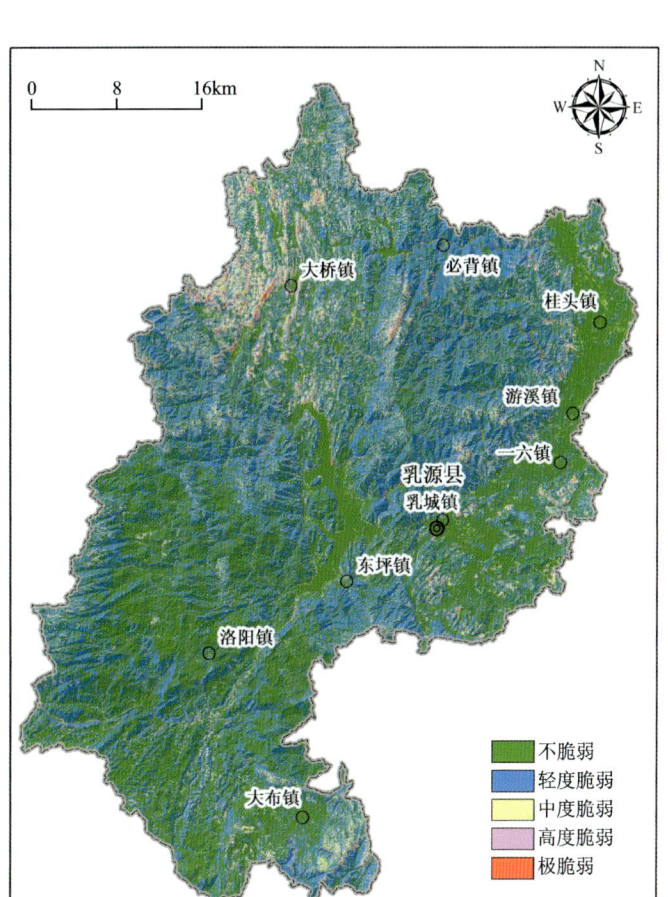

图 6-11 调查区生态地质脆弱性土壤侵蚀强度单因子评价图

3. 生态系统恢复力

选择生态系统类型、植被覆盖度和人口密度评价调查区生态系统恢复力的生态地质脆弱性。

1) 生态系统类型单因子脆弱性评价

调查区生态系统类型,按照生长环境和生物种群构成特征可分为农田生态系统、森林生态系统、草地生态系统、陆地水生生态系统、聚落生态系统和其他生态系统六大类(表6-3)。

"屏障"作为生态系统的一项生态功能,不同的生态系统,有不同的"屏障"功能。显然,森林生态系统的"屏障"功能最强大,陆地水生生态系统次之,草地生态系统和农田生态系统又次之,聚落生态系统再次之,而其他生态系统最弱,因此,以生态系统类型作为调查区生态地质脆弱性生态单因子评价指标,并制定分级赋值标准(表6-1)。

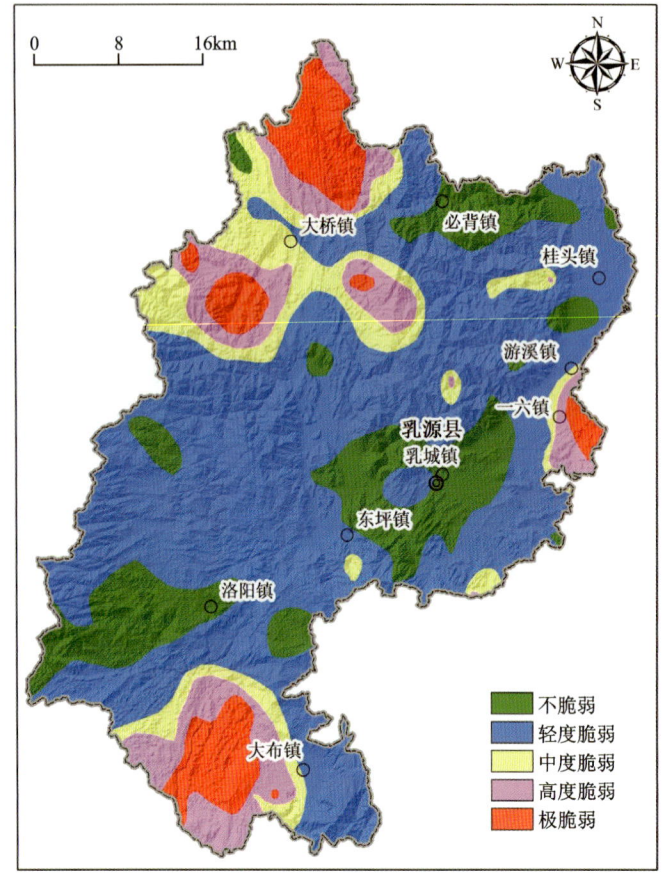

图 6-12　调查区生态地质脆弱性土壤污染指数单因子评价图

表 6-3　调查区生态系统分类

生态系统类型	含义
农田生态系统	指种植农作物的生态系统,包括熟耕地、新开荒地、休闲地、轮歇地、草田轮作物地;以种植农作物为主的农果、农桑、农林用地;耕种3年以上的滩地和海涂
森林生态系统	指生长乔木、灌木、竹类,以及沿海红树林地等森林生态系统
草地生态系统	指以生长草本植物为主,覆盖度在5%以上的各类草地,包括以牧为主的灌丛草地和郁闭度在10%以下的疏林草生态系统
陆地水生生态系统	指天然陆地水域和水利设施用地
聚落生态系统	指城乡居民点及其以外的工矿、交通等人工生态系统
其他生态系统	指地表土质覆盖,植被覆盖度在5%以下的土地;指地表为岩石或石砾,其覆盖面积大于5%的土地

在地理信息系统中,以调查区生态系统类型图按生态系统类型分级标准分级赋值,转换为栅格图像,得到调查区生态地质脆弱性生态系统类型单因子评价图(图6-13)。

第六章 生态地质脆弱性与分区评价

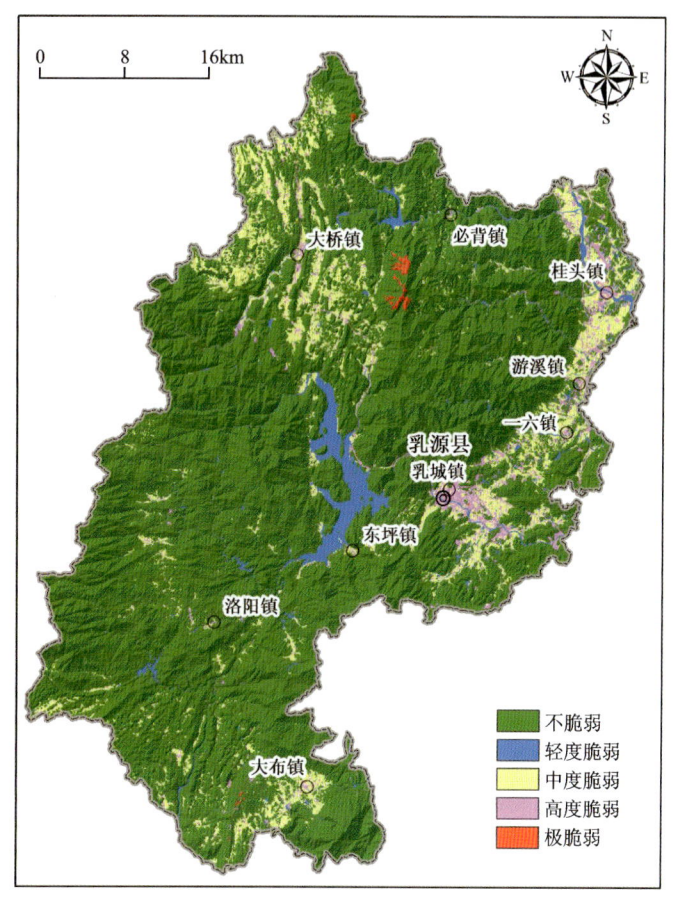

图 6-13 调查区生态地质脆弱性生态系统类型单因子评价图

调查区生态系统类型单因子生态地质脆弱性分为不脆弱、轻度脆弱、中度脆弱、高度脆弱和极脆弱 5 个等级。从脆弱性空间分布来看，全区绝大部分区域为不脆弱区，中度—高度脆弱区域主要分布在乳城镇，其次为桂头镇，再次为大桥镇。调查区以森林生态系统类型占优势，森林覆盖率高，整体生态环境优良，生态系统恢复能力强。

2）植被覆盖度单因子脆弱性评价

植被覆盖度常用于植被变化、生态环境研究、水土保持、气候等方面，对于生态地质脆弱性而言，植被覆盖度具有重要影响。在地理信息系统中，利用 2022 年 9 月 26 日成像的哨兵 2A 卫星的 10m 分辨率多光谱遥感数据，先提取归一化植被指数，然后在像元二分模型的基础上，利用归一化植被指数近似估算植被覆盖度，按植被覆盖度由高到低：>60%、45%~60%、30%~45%、10%~30%、<10%进行生态地质脆弱性分级分类，得到调查区生态地质脆弱性植被覆盖度单因子评价图（图 6-14）。

调查区植被覆盖度单因子生态地质脆弱性分为不脆弱、轻度脆弱、中度脆弱、高度脆弱和极脆弱 5 个等级。从脆弱性空间分布来看，全区绝大部分区域为不脆弱区域，高度脆弱区域主要分布在乳城镇和桂头镇，中度—高度脆弱区域主要分布在大桥镇。调查区大部分区域植被覆盖度高，有着很好的水土保持和水源涵养能力。

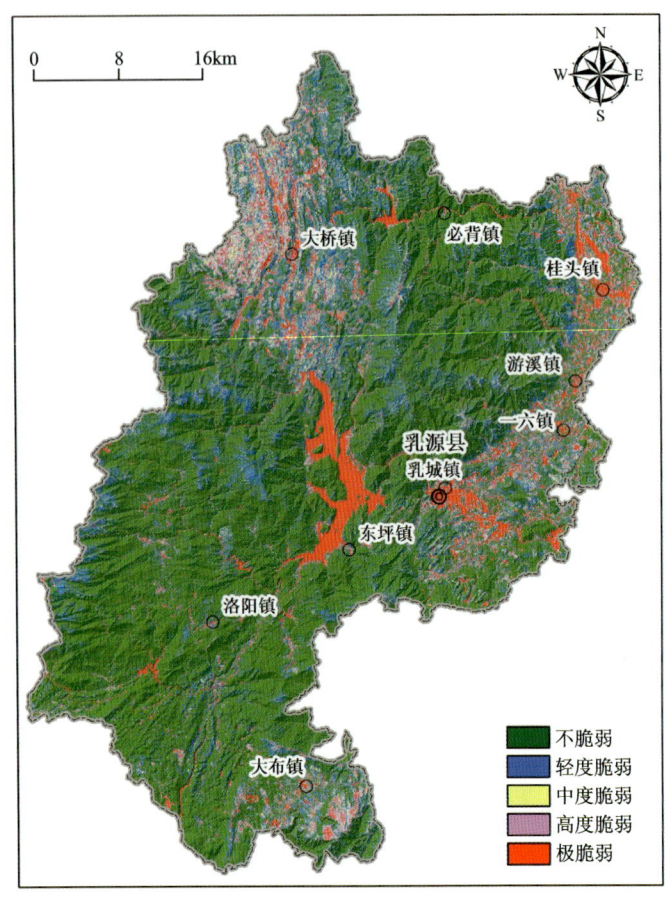

图 6-14　调查区生态地质脆弱性植被覆盖度单因子评价图

3）人口密度单因子脆弱性评价

人口是区域人类活动的首要因素，因此，采用人口密度来表征调查区的人类活动强度。在地理信息系统中，以 WorldPop 人口密度分布数据集（https://www.worldpop.org）为基础数据进行处理，获得调查区人口密度图，按照无人区（<1 人/km²）、人口极稀（1~100 人/km²）、人口稀少（100~500 人/km²）、中等区（500~1000 人/km²）、密集（>1000 人/km²）进行分级（见表 6-1），分别对应生态地质脆弱性的不脆弱、轻度脆弱、中度脆弱、高度脆弱、极脆弱等级，得到调查区生态地质脆弱性人口密度单因子评价图（图 6-15）。

调查区人口密度单因子生态地质脆弱性分为不脆弱、轻度脆弱、中度脆弱、高度脆弱和极脆弱 5 个等级。从脆弱性空间分布来看，全区绝大部分区域为不脆弱区，中度—高度脆弱区域主要分布在乳城镇和桂头镇。调查区大部分地区人口稀少，对生态环境和生态系统扰动小。

（二）综合评价

从单因子分析得出的生态地质脆弱性，只反映了某一因子的作用程度，要将调查区生态地质脆弱性的区域差异综合地反映出来，还需要进行生态地质脆弱性综合评价。由于各因子

第六章　生态地质脆弱性与分区评价

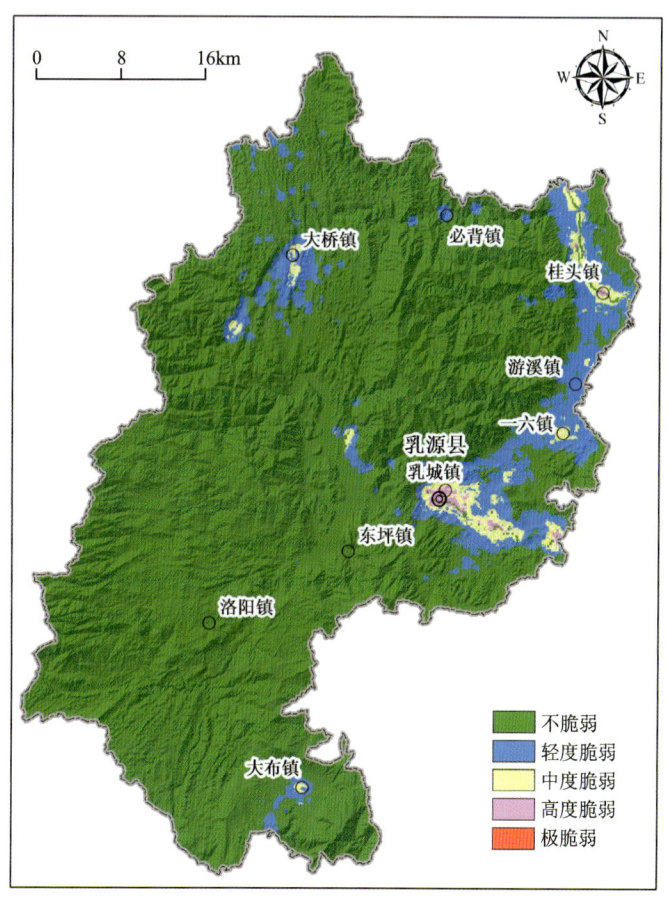

图 6-15　调查区生态地质脆弱性人口密度单因子评价图

对生态地质的作用机理与影响程度不同,在进行综合评价时,应当对单因子赋予不同的权重,运用加权方法进行评价,加权指数计算公式如下:

$$\mathrm{ss}_j = \sum_{i=1}^{14} C_i W_i \tag{6-1}$$

式中:ss_j 为 j 空间单元生态地质脆弱性综合指数;C_i 为 i 因子敏感性等级值;W_i 为 i 因子敏感性权重。

1. 赋权方法

本次工作采用层次分析法(AHP)进行赋权。层次分析法是一种定性与定量相结合的决策分析方法,由于其能够将决策者对复杂问题的决策思维过程模型化、数量化,常常被运用于多目标、多准则、多要素、多层次的非结构化的复杂决策问题,具有十分广泛的实用性,在生态环境评价中应用广泛。通过这种方法,可以将复杂问题分解为若干层次和若干因素,在各因素之间进行简单的比较和计算,就可以得出不同方案重要性程度的权重,从而为决策方案的选择提供依据。

但是，这种方法却存在着较大的随意性。譬如，对于同样一个决策问题，如果在互不干扰、互不影响的条件下，让不同的人同样都采用层次分析法进行研究，则它们所建立的层次结构模型、所构造的判断矩阵很可能是各不相同的，分析所得出的结论也可能各有差异。为了克服这种缺点，在实际运用中，特别是在多目标、多准则、多要素、多层次的非结构化的战略决策问题的研究中，对于问题所涉及的各种要素及其层次结构模型的建立，往往需要多部门、多领域的专家共同会商、集体决定，通常采用发放和回收专家调查表的形式进行，即在构造判断矩阵时，对于各个因素之间的重要程度的判断，先罗列各个因素，然后以调查表的形式，向各领域专家发放，然后回收调查表，根据各个专家的不同意见，取各个专家的判断值的平均数、众数或中位数。

然而在实际操作中，发放和回收专家调查表这种方式依然存在着较大的局限性。首先，为了保证专家意见具有一定的代表性和普遍性，需要向各行业专家发放大量的调查表，有时甚至达到数百份，导致实际操作极为困难；其次，发放的调查表与回收的调查表不成比例，在实际操作中，由于各种因素，大量地发放调查表，往往实际回收的调查表却寥寥无几，导致样本数量不够，失去了统计意义；最后，由于调查表是向各行业专家发放的，而专家感兴趣的是其从事行业内的问题，造成了专家对其从事行业问题的重要性的偏好，从而加大了主观性。

在调查区生态地质脆弱性评价中，针对上述问题，在构建判断矩阵时，对于各个因素之间的重要程度的判断，我们提出了在野外实地调查的基础上，通过综合研究各相关因素的作用机理的内在联系及继承关系来比较各相关因素的重要性的方法，用以取代专家打分，从而最大限度降低主观性。

2. 综合评价结果

1) 判断矩阵与赋权

通过1∶25万、1∶5万生态地质调查并结合单因子评价结果进行综合研究，我们可以做出以下分析：

就生态地质问题而言，除了地质灾害对生态地质脆弱性影响较大外，石漠化、土壤侵蚀和土壤污染都只是局部问题，对全区生态地质脆弱性影响有限，调查区生态地质脆弱性的地质灾害易发性、石漠化敏感性、土壤侵蚀强度和土壤污染指数4个单因子评价图（图6-9～图6-12）的脆弱性等级及空间分布也清晰地反映出这一特点。

从生态系统恢复力角度，调查区生态系统恢复力强，生态系统类型以森林为主，植被覆盖度高，人类活动扰动小，生态系统恢复力3个单因子生态地质脆弱性评价都是以不脆弱占绝大多数，对调查区生态地质脆弱性影响十分有限（即很难使脆弱性等级提高），且其对调查区生态地质脆弱性的影响甚至弱于生态地质问题。

与前两者相比，调查区生态地质条件对生态地质脆弱性的影响更为显著。7个生态地质条件单因子评价结果都显示较强的空间分异性与脆弱性分级差异性（图6-2～图6-8）。因此，我们认为，调查区生态地质脆弱性主要受到生态地质条件控制，生态地质问题和生态系统恢复力对生态地质脆弱性的影响较小。由此，在各因子相对重要性比较时，生态地质条件＞生态地质问题＞生态系统恢复力。至此，完成了3组因子整体重要性比较。

在生态地质条件里面,构造控制调查区地貌形态和岩性分布,进而影响着地面坡度、地表的岩石类型、地质灾害发育程度,而岩石作为成土母质的来源控制着成土母质的类型,还影响着地质灾害的发育分布,母质转化为土壤。换言之,地质条件控制地貌形态和岩性,岩性控制母质,母质控制土壤,土壤影响生态,从这个意义上来说,构造对调查区生态地质脆弱性有着深远的影响。成土母质是形成土壤的基本的原始物质,是土壤形成的物质基础和植物矿物养分元素的最初来源,土壤的主要元素大部分继承自成土母质,成土母质是影响土壤物理和化学性质的主要因素之一,即成土母质基本控制了土壤的生成与发育。因此,构造应当给予最大的权重,然后依次为成土母质、土壤养分、土壤含水率、坡度、含水岩组富水性、坡向。

在生态地质问题里面,则是地质灾害易发性最重要,其次是土壤侵蚀强度、石漠化敏感性、土壤污染指数。在生态系统恢复力里面,生态系统类型最重要,其次是植被覆盖度、人口密度。

通过上述生态地质条件、生态地质问题、生态系统恢复力 3 组因子整体比较和每组因子内部单个比较,完成了 14 个因子的相对重要性比较的预判,由此构建调查区生态地质脆弱性决策分析 $O—P$ 层次模型(图 6-16)和判断矩阵(表 6-4)。然后求解判断矩阵的最大特征值及其特征向量、随机一致性比例等各项参数,通过分析随机一致性比例、各因素的权重及排序来确定判断矩阵是否构建合理,若构建不合理,则调整,两两比较重要程度;若构建合理,则计算 $O—P$ 判断矩阵,并进行层次排序(既是层次单排序,也是层次总排序),结果见表 6-4。

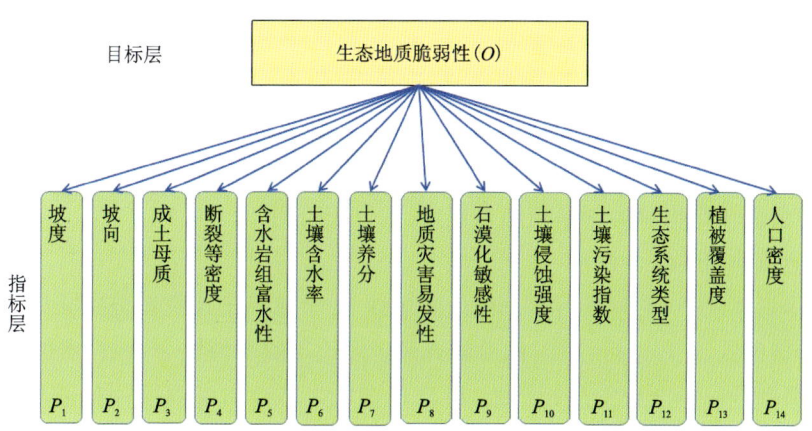

图 6-16 调查区生态地质脆弱性决策分析层次模型

O 为总目标——调查区生态地质脆弱性,P_1 为坡度单因子脆弱性、P_2 为坡向单因子脆弱性、P_3 为成土母质单因子脆弱性、P_4 为断裂等密度单因子脆弱性、P_5 为含水岩组富水性单因子脆弱性、P_6 为土壤含水率单因子脆弱性、P_7 为土壤养分单因子脆弱性、P_8 为地质灾害易发性单因子脆弱性、P_9 为石漠化敏感性单因子脆弱性、P_{10} 为土壤侵蚀强度单因子脆弱性、P_{11} 为土壤污染指数单因子脆弱性、P_{12} 为生态系统类型单因子脆弱性、P_{13} 为植被覆盖度单因子脆弱性、P_{14} 为人口密度单因子脆弱性。

由表 6-4 可见,判断矩阵的最大特征根 λ、一致性指标 CI、平均随机一致性指标 RI 和随机一致性比例 CR(CR<0.10)都显示了较好的一致性,表明构建的判断矩阵具有符合要求的随

表 6-4 调查区生态地质脆弱性评价判断矩阵与层次排序表

O	P_1	P_2	P_3	P_4	P_5	P_6	P_7	P_8	P_9	P_{10}	P_{11}	P_{12}	P_{13}	P_{14}	W(权重)	排序
P_1	1	3	1/2	1/3	3	1/2	1/2	3	3	2	3	3	3	4	0.094 4	5
P_2	1/3	1	1/3	1/3	3	1/3	1/3	2	3	2	3	3	3	3	0.072 5	7
P_3	2	3	1	1/2	2	2	2	3	4	3	4	4	5	6	0.136 3	2
P_4	3	3	2	1	3	3	3	3	4	3	4	5	6	7	0.180 4	1
P_5	1/3	1/3	1/2	1/3	1	1/3	1/2	3	3	2	3	3	3	4	0.079 5	6
P_6	2	3	1/2	1/3	3	1	1/2	3	2	3	3	3	3	4	0.104 0	3
P_7	2	3	1/2	1/3	2	2	1	3	2	3	3	3	3	4	0.103 1	4
P_8	1/3	1/2	1/3	1/3	1/3	1/3	1/3	1	3	2	3	3	3	3	0.053 6	8
P_9	1/3	1/3	1/4	1/4	1/3	1/2	1/2	1/3	1	1/2	2	2	2	3	0.033 9	10
P_{10}	1/2	1/2	1/3	1/3	1/2	1/3	1/3	1/2	2	1	2	2	2	3	0.043 6	9
P_{11}	1/3	1/3	1/4	1/4	1/3	1/3	1/3	1/3	1/2	1/2	1	2	2	3	0.030 7	11
P_{12}	1/3	1/3	1/4	1/5	1/3	1/3	1/3	1/3	1/2	1/2	1/2	1	2	3	0.027 4	12
P_{13}	1/3	1/3	1/5	1/6	1/3	1/3	1/3	1/3	1/2	1/2	1/2	1/2	1	3	0.024 1	13
P_{14}	1/4	1/3	1/6	1/7	1/4	1/4	1/4	1/3	1/3	1/3	1/3	1/3	1/3	1	0.016 7	14

注：$\lambda=15.308\ 4$，CI$=0.100\ 6$，RI$=1.58$，CR$=0.063\ 7<0.10$，W 为权重(判断矩阵的特征向量)，λ 为判断矩阵的最大特征根，CI 为判断矩阵的一致性指标，RI 为平均随机一致性指标，CR 为判断矩阵的随机一致性比例。

机一致性，判断矩阵构建合理。计算出来的 14 个因子的权重分配与实际相符，排序与预判分析一致，表明根据预判构建的判断矩阵合理，权重分配恰当。

2）生态地质脆弱性综合评价

在地理信息系统中，把调查区生态地质脆弱性 14 个单因子评价图分别赋以表 6-4 中计算出来的权重，按照式(6-1)进行计算，得出调查区生态地质脆弱性综合指数，然后按照表 6-5 的生态地质脆弱性分级标准(SS)进行分级，得到调查区生态地质脆弱性评价图(图 6-17)，并统计脆弱性面积与占比(表 6-5)。

表 6-5 调查区生态地质脆弱性评价分级表

分级	不脆弱	轻度脆弱	中度脆弱	高度脆弱	极脆弱
分级标准(SS)	1.0～2.0	2.0～4.0	4.0～6.0	6.0～8.0	>8.0

3. 生态地质脆弱性分布格局

调查区生态地质脆弱性共有 4 个等级，即不脆弱、轻度脆弱、中度脆弱和高度脆弱，没有极脆弱区域(图 6-17，表 6-6)。

第六章　生态地质脆弱性与分区评价

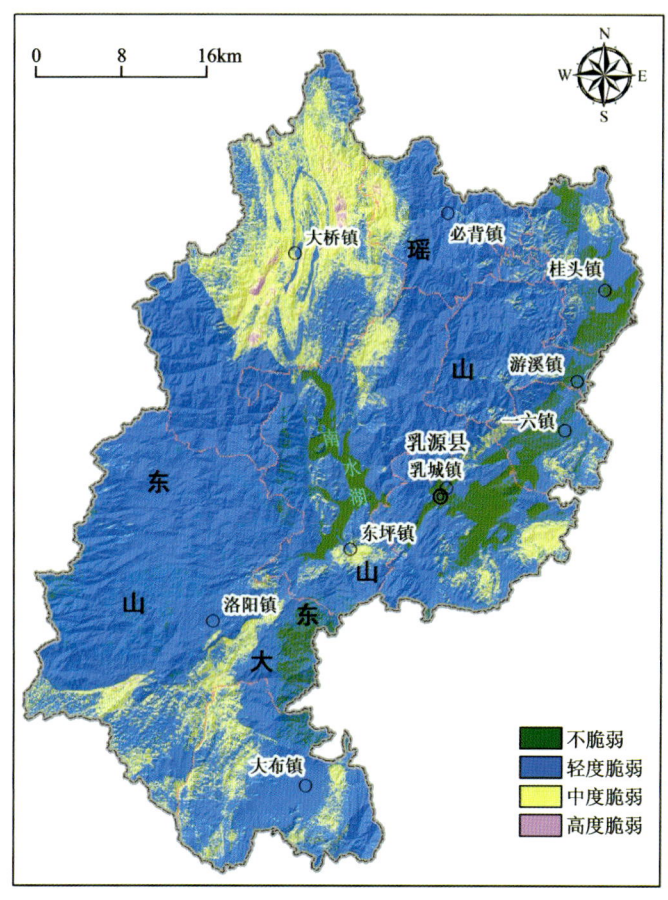

图 6-17　调查区生态地质脆弱性评价图

表 6-6　调查区生态地质脆弱性面积统计表

生态地质脆弱性分级	面积（km²）	百分比（%）
不脆弱	160.93	7.00
轻度脆弱	1 715.51	74.62
中度脆弱	413.82	18.00
高度脆弱	8.74	0.38
合计	2 299.00	100.00

从统计数据上来看，调查区生态地质脆弱性以轻度脆弱为主，达到了 1 715.51km²，占 74.62%，接近 3/4；其次为中度脆弱，面积 413.82km²，占 18.00%；再次为不脆弱，面积 160.93km²，占 7.00%；高度脆弱面积 8.74km²，占 0.38%，排名最末。

从脆弱性等级空间分布来看，调查区生态地质脆弱性具有明显的空间分异规律。总体而言，调查区生态地质整体轻度脆弱，中—高度脆弱区主要分布于重度石漠化和水土流失最为严重的乳源北部大桥镇岩溶石山区内。其中，不脆弱区主要分布于南水湖和乳源地区东部乳城镇——一六镇—游溪镇—桂头镇一线的丘陵平原地带;轻度脆弱区主要分布于境内的大瑶山、东山和大东山等中低山区;中度脆弱区主要集中分布于大桥镇、洛阳镇和大布镇交界地带,另有一部分分布于乳城镇东南部;高度脆弱区分布局限,绝大部分分布于大桥镇。

第二节 生态地质分区评价

一、分区概述

根据调查区生态地质脆弱性的空间分布特征,结合生态地质分区结果(见图5-12),进行生态地质分区评价。系统总结每个小区的生态地质特征、主要生态地质问题、生态地质脆弱性特征、主导生态服务功能和生态保护修复重点方向(表6-7),聚焦不同生态分区地域特性,针对特有的生态地质问题,提出不同生态地质分区的地球科学解决方案,为地方政府国土空间用途管制与生态保护修复提供科学的参考依据。

二、分区评价

(一)大桥岩溶山地农林生态地质小区($Ⅳ_{8-a-1}$)

大桥岩溶山地农林生态地质小区($Ⅳ_{8-a-1}$)面积为322.54km²,主体位于大桥镇境内,少部分涉及东坪镇和必背镇。该区脆弱性等级分为不脆弱、轻度脆弱、中度脆弱和高度脆弱4级,其中不脆弱占0.05%、轻度脆弱占34.52%、中度脆弱占62.92%、高度脆弱占2.51%,中度脆弱和高度脆弱合计占65.43%,整体较脆弱。该区主要生态地质问题为局部石漠化和水土流失仍然较为严重,主导生态服务功能为水土保持、生物多样性保护。建议在该区加强植树造林,改善森林结构,加强石漠化和水土流失综合治理,提高水土保持和水源涵养能力,维护和恢复山地森林生态系统,改善农业生态环境,在保护的前提下发展诸如油茶种植等特色产业,促进区域经济持续发展。陡坡地区严禁林木砍伐,局部缓坡地区可以开展林业开发,有计划地进行林下开发。先前修复工作在碳酸盐岩坡地区域种植了松树等大量乔木树种,但碳酸盐坡地区土壤及地下水难以支撑高大乔木生长,长势欠佳,建议今后优先考虑灌木、藤蔓植物等品种,林下经济发展种植油茶和麻竹笋等。

(二)大瑶山变质岩-碎屑岩山地林业生态地质小区($Ⅳ_{8-a-2}$)

大瑶山变质岩-碎屑岩山地林业生态地质小区($Ⅳ_{8-a-2}$)面积为500.60km²,主要为大瑶山乳源境内部分,涉及必背镇、游溪镇、东坪镇、桂头镇,以必背镇、游溪镇为主体。该区脆弱性等级分为不脆弱、轻度脆弱、中度脆弱和高度脆弱4级,其中不脆弱占0.35%、轻度脆弱占88.94%、中度脆弱占10.70%、高度脆弱占0.01%,不脆弱和轻度脆弱合计占89.29%,整体不脆弱,局部略脆弱。该区主要生态地质问题为地质灾害较频发,主导生态服务功能为生物多样性保护、水源涵养、人文景观保护。建议在该区保育好亚热带常绿针、阔叶林生态系统,加强森林火灾、病虫害防治,维护森林生态系统的水源涵养、水土保持和生物多样性维持的功

第六章 生态地质脆弱性与分区评价

表6-7 乳源地区生态地质脆弱性分区评价表

生态地质小区	面积(km²)	涉及乡镇	生态地质脆弱性特征	主导生态服务功能	生态保护修复重点方向
大桥岩溶山地农林生态地质小区（Ⅳ₈₋ₐ₋₁）	322.54	大桥镇、东坪镇、必背乡镇	脆弱性等级为不脆弱、轻度脆弱、中度脆弱和高度脆弱4级，高度脆弱占62.92%，中度脆弱占2.51%，二者合计占65.43%，整体较脆弱	水土保持、生物多样性保护	加强植树造林、改善林结构，加强石漠化和水土流失综合治理，提高水土保持和水源涵养能力，维护和恢复山地森林生态系统，改善农业生态环境。先前修复工作在碳酸盐岩坡岩地区域种植了松树种等大量乔木树种，但碳酸盐岩坡地土壤及地下水难以支撑高大乔木生长，长势不佳，建议今后优先考虑灌木、藤蔓植物等品种
大瑶山变质岩-碎屑岩山地林业生态地质小区（Ⅳ₈₋ₐ₋₂）	500.60	必背镇、游溪镇、桂头镇、东坪镇	脆弱性等级为不脆弱、轻度脆弱、中度脆弱和高度脆弱4级，轻度脆弱占88.94%，整体不脆弱，局部较脆弱	生物多样性保护、水源涵养、人文景观保护	保育好亚热带常绿针、阔叶林生态系统，加强森林火灾、病虫害防治，维护森林生态系统的功能，为水源地区的生态安全、生物多样性维持以及生物多样性保证，武江水源涵养以及乳源地区多样为生物基因资源及库的保护作出贡献，同时也为乳源地提供优美的自然景观和人文景观。陡坡地区严禁林业开发，有计划地进行林业开发
东山中酸性岩山地林业生态地质小区（Ⅳ₈₋ₐ₋₃）	686.70	洛阳镇、大布镇、大桥镇、东坪镇	脆弱性等级为不脆弱、轻度脆弱、中度脆弱和高度脆弱4级与轻度脆弱合计占98.88%，整体不脆弱	生物多样性保护、水源涵养、水土保持	保育好亚热带常绿针、阔叶林生态系统，加强森林火灾、病虫害防治，维护森林生态系统的功能，为水源地区的生态安全、生物多样性保证以及生物多样性资源及基因库的保护作出重要贡献，加强花岗岩崩岗禁止砍伐，合理利用林业资源，推广大低缓坡地区有计划地进行林木开发，合理利用林业资源，对由于盐碱地区引发的水土流失有防治。陡坡地区引发的岩崩岗地区可以有计划地进行林木开发及石材开采造成的矿山生态问题，应尽快修复

续表 6-7

生态地质小区	面积(km²)	涉及乡镇	生态地质脆弱性特征	主导生态服务功能	生态保护修复重点方向
南水水库山地-丘陵水源涵养生态地质小区（IV$_{8-a-4}$）	106.86	东坪镇、乳城镇	脆弱性等级为不脆弱、轻度脆弱和中度脆弱为主，二者占93.91%，整体不脆弱	饮用水源地保护、水源涵养、营养保持、生态景观保护	建议把该区域确定为重要生态功能区，制定严密和科学的生态保护和管理措施，控制农业面源和点源污染，防止南水水库出现水污染和富营养化问题，加强该区域生态建设，着力保护水库周围的森林植被，提高水源涵养能力和水体自净能力，确保南水水库的水安全
东坪东碳酸盐岩山地林业生态地质小区（IV$_{8-a-5}$）	54.58	东坪镇、乳城镇	脆弱性等级为不脆弱、轻度脆弱、中度脆弱和轻度脆弱合计占86.29%，中度和高度脆弱合计占13.71%，整体不脆弱，局部较脆弱	水土保持和水源涵养	加强植树造林，以改善森林结构，提高水源涵养和水土保持能力
东坪南碎屑岩山地农林生态地质小区（IV$_{8-a-6}$）	42.23	东坪镇、乳城镇	脆弱性等级为不脆弱、轻度脆弱、中度脆弱和轻度脆弱合计占89.52%，中度和高度脆弱合计占10.48%，整体不脆弱	水源涵养、生物多样性保护	保育好亚热带常绿针、阔叶林生态系统，维护森林生态系统的水源涵养能力，为乳源库区的生态安全和生物多样性贡献；加强森林火灾、病虫害防治，维持和生物多样性资源及遗传基因库的保护作出贡献
大潭河岩溶山地农林生态地质小区（IV$_{8-a-7}$）	193.37	洛阳镇、大布镇	脆弱性等级为不脆弱、轻度脆弱、中度脆弱和高度脆弱4级，中度和高度脆弱合计43.06%，整体较脆弱	水土保持、水源涵养、生物多样性保护、地质环境保护	植被受到破坏的碳酸盐岩坡地区域应尽量避免种植高大乔木，而应以低矮乔木、灌木、藤蔓等植物为主。加强植树造林，改善森林结构，加强石漠化和水土流失综合治理，提高水土保持和水源涵养能力，维护和恢复山地森林生态系统，着重于生态恢复和水土流失治理，降低地质灾害的发生频率，保护地质环境，改善农业生态环境，促进区域经济持续发展

续表 6-7

生态地质小区	面积（km²）	涉及乡镇	生态地质脆弱性特征	主导生态服务功能	生态保护修复重点方向
大布碎屑岩山地农林生态地质小区（Ⅳ₈₋₈）	127.24	大布镇	脆弱性等级为不脆弱、轻度脆弱、中度脆弱和高度脆弱 4 级，不脆弱和轻度脆弱合计占 85.22%，中度和高度脆弱合计占 14.78%，整体不脆弱，局部较脆弱	生物多样性保护、水源涵养、自然景观保护	保育好亚热带常绿针、阔叶林生态系统，加强森林火灾、病虫害防治，维护森林生态系统的水源涵养、水土保持和生物多样性维持功能，保护好优美的自然景观和人文景观
武江河谷平原-丘陵城镇农业生态地质小区（Ⅳ₈₋d₁）	264.88	乳城镇、一六镇、游溪镇、桂头镇	脆弱性等级为不脆弱、轻度脆弱、中度脆弱和高度脆弱 4 级，不脆弱和轻度脆弱合计占 88.70%，中度和高度脆弱合计占 11.30%，整体不脆弱，局部较脆弱	工业、农业开发（需高度重视污染防治）	加强工业"三废"污染的防治，加快污水处理设施建设，对大气污染进行重点监控，加强城郊面源污染的治理，做好城区和郊区景观生态建设和保护，在工业发展和城市发展过程中，加大循环经济和清洁产业占比

能，为地区的生态安全、南水水库水源保证、武江水源涵养以及为生物多样性资源及遗传基因库的保护贡献重要生态保障，同时也为乳源地区提供优美的自然景观和人文景观，在保护的前提下，发展瑶族民族风情文化、瑶药医药特色产业。

（三）东山中酸性岩山地林业生态地质小区（IV_{8-a-3}）

东山中酸性岩山地林业生态地质小区（IV_{8-a-3}）面积为686.70km²，主要为东山乳源境内部分，由一套中酸性岩体构成的中低山山地，涉及洛阳镇、大布镇、大桥镇、东坪镇，以洛阳镇为主体。该区脆弱性等级分为不脆弱、轻度脆弱、中度脆弱和高度脆弱四级，其中不脆弱占5.49%、轻度脆弱占93.39%、中度脆弱占1.11%，高度脆弱占0.01%，不脆弱和轻度脆弱合计占98.88%，全区生态脆弱性以不脆弱为主。该区主要生态地质问题为局部地质灾害较频发、局部水土流失较严重，主导生态服务功能为生物多样性保护、水源涵养、水土保持。陡坡区域禁止砍伐，在广大低缓坡地区可以有计划地进行林木开发，合理利用林业资源，发展培育林下经济。对由于黏土矿及石材开采造成的矿山生态问题，应尽快修复。建议在该区保育好亚热带常绿针、阔叶林生态系统，加强森林火灾、病虫害防治，维护森林生态系统的水源涵养、水土保持和生物多样性维持的功能，为乳源地区的生态安全、南水水库水源保证以及为生物多样性资源及遗传基因库的保护提供重要保障。加强花岗岩崩岗引发的水土流失防治，在保护的前提下，发展山地林下养殖、种植业。

（四）南水水库山地-丘陵水源涵养生态地质小区（IV_{8-a-4}）

南水水库山地-丘陵水源涵养生态地质小区（IV_{8-a-4}）面积为106.86km²，主要为南水湖及周边区域，涉及东坪镇、乳城镇。该区脆弱性等级分为不脆弱、轻度脆弱和中度脆弱3级，其中不脆弱占30.23%、轻度脆弱占63.68%、中度脆弱占6.09%，不脆弱和轻度脆弱合计占93.91%，全区不脆弱。该区主导生态服务功能为饮用水源地保护、水源涵养、营养物质保持、生态景观保护。建议把该区域确定为重要生态功能区，制定严密和科学的生态保护和管理措施，控制农业面源和点源污染，防止南水水库出现水污染和富营养化问题，加强该区域的生态建设，着力保护水库周围的森林植被，提高区域水源涵养能力和水体自净能力，确保南水水库的水安全。

（五）东坪东碳酸盐岩山地林业生态地质小区（IV_{8-a-5}）

东坪东碳酸盐岩山地林业生态地质小区（IV_{8-a-5}）面积为54.58km²，涉及东坪镇和乳城镇。该区脆弱性等级分为不脆弱、轻度脆弱、中度脆弱和高度脆弱4级，其中不脆弱占2.39%、轻度脆弱占83.90%、中度脆弱占13.70%，高度脆弱占0.01%，不脆弱和轻度脆弱合计占86.29%，中度和高度脆弱合计占13.71%，整体不脆弱，局部较脆弱。该区主要生态地质问题为局部石漠化和水土流失较严重，主导生态服务功能为水土保持和水源涵养。建议在该区加强植树造林，在岩溶石山区种植油茶等，发展林下经济，以改善森林结构，提高水源涵养能力和水土保持能力。

第六章 生态地质脆弱性与分区评价

(六)东坪南碎屑岩山地农林生态地质小区(IV_{8-a-6})

东坪南碎屑岩山地农林生态地质小区(IV_{8-a-6})面积为42.23km²,涉及东坪镇和乳城镇。该区脆弱性等级分为不脆弱、轻度脆弱、中度脆弱和高度脆弱4级,其中不脆弱占1.70%、轻度脆弱占87.82%、中度脆弱占10.47%,高度脆弱占0.01%,不脆弱和轻度脆弱合计占89.52%,中度和高度脆弱合计占10.48%,整体不脆弱,局部较脆弱。该区主要生态地质问题为局部地质灾害较频发,主导生态服务功能为水源涵养、生物多样性保护。建议在该区保育好亚热带常绿针、阔叶林生态系统,加强森林火灾、病虫害防治,维护森林生态系统的水源涵养和生物多样性维持的功能,为乳源地区的生态安全和生物多样性资源及遗传基因库的保护提供重要保障。在保护前提下,发展山地林下养殖、种植业。

(七)大潭河岩溶山地农林生态地质小区(IV_{8-a-7})

大潭河岩溶山地农林生态地质小区(IV_{8-a-7})面积为193.37km²,涉及洛阳镇、大布镇。该区脆弱性等级分为不脆弱、轻度脆弱、中度脆弱和高度脆弱4级,其中不脆弱占0.04%、轻度脆弱占56.90%、中度脆弱占42.86%,高度脆弱占0.20%,中度和高度脆弱合计占43.06%,整体较脆弱。该区主要生态地质问题为局部地质灾害较频发、局部石漠化和水土流失较严重,主导生态服务功能为水土保持、水源涵养、生物多样性保护、地质环境保护。建议在该区加强植树造林,改善森林结构,加强石漠化和水土流失综合治理,提高水土保持和水源涵养能力,维护和恢复山地森林生态系统,着重于生态恢复和水土流失治理,保护地质环境,降低地质灾害的发生频率,改善农业生态环境,促进区域经济持续发展。在保护的前提下,发展山地林下特色养殖、种植业。植被受到破坏的碳酸盐岩坡地区域应尽量避免种植高大乔木,而应以低矮乔木、灌木、藤蔓等植物为主,发展油茶种植等高附加值产业。

(八)大布碎屑岩山地农林生态地质小区(IV_{8-a-8})

大布碎屑岩山地农林生态地质小区(IV_{8-a-8})面积为127.24km²,位于大布镇境内。该区脆弱性等级分为不脆弱、轻度脆弱、中度脆弱和高度脆弱4级,其中不脆弱占0.77%、轻度脆弱占84.45%、中度脆弱占14.75%,高度脆弱占0.03%,不脆弱和轻度脆弱合计占85.22%,中度和高度脆弱合计占14.78%,整体不脆弱,局部较脆弱。该区主要生态地质问题为局部地质灾害较频发,局部石漠化和水土流失较严重,主导生态服务功能为生物多样性保护、水源涵养、自然景观保护。建议在该区保育好亚热带常绿针、阔叶林生态系统,加强森林火灾、病虫害防治,维护森林生态系统的水源涵养、水土保持和生物多样性维持的功能,保护好优美的自然景观和人文景观。在保护的前提下,发展山地林下特色养殖、种植业,合理开发境内山地旅游资源,发展生态旅游业。

(九)武江河谷平原-丘陵城镇农业生态地质小区(IV_{8-d-1})

武江河谷平原-丘陵城镇农业生态地质小区(IV_{8-d-1})面积为264.88km²,位于乳城镇、一六镇、游溪镇、桂头镇。该区脆弱性等级分为不脆弱、轻度脆弱、中度脆弱和高度脆弱4级,其中不脆弱占32.31%,轻度脆弱占56.39%,中度脆弱占11.26%,高度脆弱占0.04%,不脆弱和轻度脆弱合计占88.70%,中度和高度脆弱合计占11.30%,整体不脆弱,局部较脆弱。该区主要生态地质问题为人类活动强度较高、生态环境退化、农业面源污染等,主导生态服务功能为工业、农业开发。建议在该区加强工业"三废"污染的防治,加快污水处理设施建设,对大气污染进行重点监控,加强城郊面源污染的治理,做好城区和郊区景观生态建设和保护,在工业发展和城市发展过程中,加大循环经济和清洁产业占比。农业方面,改善农田水利设施条件,进一步突出这一区域的粮食生产核心地位,保障耕地规模,加大土地整理实施力度,建设智慧农业监测平台,建设建成高标准农田。开展河谷平原农用地综合整治和盆周山地区生态农田整治,尤其建议开展农产品核心产区永久基本农田整治,加强局部污染耕地休耕修复,加强粮油主产区高标准农田建设,以保障粮食安全为目标,严格保护耕地和基本农田,由重数量保护向数量、质量和绿色生态全面管护转变。提高农业空间综合效能,建设现代农业产业基地,提高粮油产量,以保障全县粮食安全,促进农民增收,助推乡村振兴。

第七章 生态地质调查研究与应用

第一节 石漠化成因机理研究

一、石漠化成因

石漠化的成因目前存在两种主要观点：一种观点认为石漠化是气候条件、地质环境等自然背景与人类活动等人文因子共同作用形成的，两者的影响作用相当，需要共同作用才能促使石漠化形成；另一种观点认为人类活动在石漠化形成和发展过程中起主导作用，认为石漠化形成的主导因素是不合理的人类活动。

通过本次生态地质石漠化调查所取得的资料，我们认为，调查区石漠化的形成既有内部因素又有外部因素。其中内部因素主要包括地层岩性、地貌、地质构造、气象、水文、土壤、植被分布及覆盖情况等自然环境因素；而外部因素主要为不合理的人类活动，不合理的人类活动是导致石漠化形成的诱发因素，但同时石漠化综合治理等人为干预活动，可以逆转石漠化过程。

（一）气象因素

在气象因素中，与石漠化形成关系最大的主要是降水和温度，降水是土壤侵蚀重要的外营力和决定性因素，水土流失程度和危害的大小，取决于降水强度、降水量以及降水发生的地形、地貌条件等多种因素，强暴雨对地表的冲刷易造成水土流失，而温度增加了CO_2在水中的溶解度，从而加快碳酸盐岩的溶蚀。

1. 气象

调查区属亚热带季风性湿润气候区，多年平均气温为19.8℃，多年平均降雨量为1 890.6mm，最大年降雨量为2 323.9mm，最小年降雨量为1 380.3mm，日最大降雨量为269.8mm，气候温暖，雨量充沛。降雨时间上分配不均，一年之中，3—9月为主要降雨期，占全年的79.96%，尤以5月、6月为多雨月，占全年的36.87%；10月至次年2月为少雨月，降雨量较少，占全年的20.04%（图7-1）。

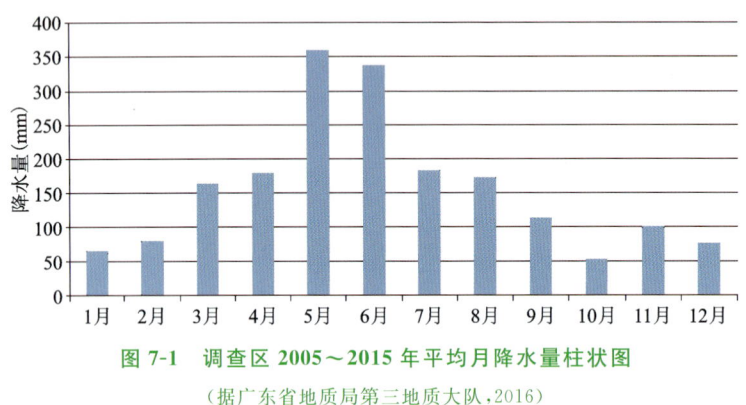

图 7-1 调查区 2005～2015 年平均月降水量柱状图

(据广东省地质局第三地质大队,2016)

2. 气象与石漠化

调查区属亚热带季风性湿润气候区,气候温暖,雨量充沛且降雨集中、光照适中、雨热同季,气象条件有利于石漠化的形成。

该地区雨量充沛且降雨集中,暴雨和短时高强度的暴雨及连续暴雨都较多,在坡度为 15°～60°的裸露坡地和植被稀疏的坡耕地及山地上,不论溅蚀、面蚀或细沟侵蚀都比较严重,大雨、暴雨直接将地势相对陡峻处地表的土壤带走,从而造成基岩裸露,形成石漠化。乳源地区多年平均气温为 19.8℃,多年平均降雨量为 1 890.6mm,常年相对湿度达到 78%,雨热同季,这种气候条件下,化学溶蚀作用强烈,岩溶作用以溶蚀作用为主,地表、地下径流使碳酸盐岩的溶蚀作用能旺盛地进行,并形成丰富的岩溶地貌形态及洞穴系统,一方面形成了绚丽多彩的岩溶地貌景观,另一方面形成了该区特有的岩溶脆弱生态环境,为石漠化的发育提供了良好的气候条件。

(二)地形坡度因素

1. 坡度划分

地形坡度是影响石漠化发育程度的重要因素。为了评价坡度与岩溶石漠化的关系,在地理信息系统中对乳源地区 DEM 进行坡度分析,将得到的坡度图重分类,划分为 0°～5°、5°～15°、15°～25°、25°～35°和大于 35°共 5 个等级。在分级基础上,用碳酸盐岩分布图层进行掩模,得到岩溶石山区的坡度分级图,将其转换为矢量,并统计每一级的面积。在地理信息系统中对石漠化和岩溶石山区坡度分级进行相交分析,得出二者交集,最后统计面积。

由于不同坡度级别的岩溶石山区面积相差较大,单纯比较其中的石漠化面积大小并不科学,需要采用同一个度量标准统计,因此,采用石漠化发生率来比较(石漠化发生率＝石漠化面积/岩溶石山面积×100%),结果见表 7-1。

2. 石漠化在不同坡度的分布

从表 7-1 中可以看出,坡度为 0°～5°的岩溶石山区的面积为 140.64km²,石漠化土地面积

表 7-1　调查区不同坡度岩溶石山区石漠化面积与发生率统计表

	坡度分级				
	0°～5°	5°～15°	15°～25°	25°～35°	>35°
轻度石漠化(km²)	0	1.02	3.78	7.35	16.58
中度石漠化(km²)	0	0	0	0.52	2.05
重度石漠化(km²)	0	0	0	0	0.32
合计(km²)	0	1.02	3.78	7.87	18.95
岩溶石山面积(km²)	140.64	175.61	136.55	96.61	94.59
石漠化发生率(%)	0	0.58	2.77	8.15	20.03

为 0km²,基本无石漠化发生;坡度为 5°～15°的岩溶石山区的面积为 175.61km²,石漠化土地面积为 1.02km²,石漠化发生率为 0.58%;坡度为 15°～25°的岩溶石山区的面积为 136.55km²,石漠化土地面积为 3.78km²,石漠化发生率为 2.77%;坡度为 25°～35°的岩溶石山区的面积为 96.61km²,石漠化土地面积为 7.87km²,石漠化发生率为 8.15%;坡度大于 35°的岩溶石山区的面积为 94.59km²,石漠化土地面积为 18.95km²,石漠化发生率为 20.03%。

3. 地形坡度与石漠化

石漠化从本质上来讲是喀斯特地区的成土速率远小于水土流失的速率而造成的土地生产力的退化过程,因此影响水土流失的因素也就是影响石漠化过程的因素。乳源地区岩溶石山区,随着坡度变陡,石漠化发生率逐步上升,并且曲线斜率急剧变大(图 7-2),不但石漠化发生率急速增加、石漠化程度也加重。因此,调查区岩溶石山区的坡度越陡,石漠化发生率越高、石漠化程度越重。

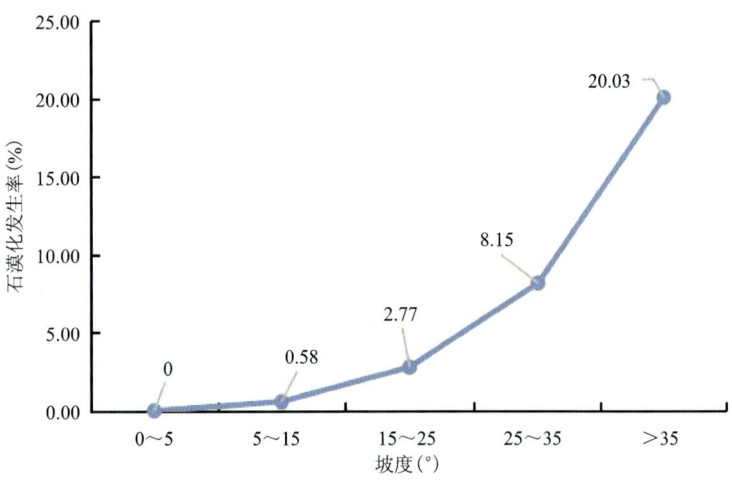

图 7-2　调查区岩溶石山区石漠化发生率与坡度关系

(三)碳酸盐岩因素

1. 碳酸盐岩分布

调查区碳酸盐岩分布较为广泛,各类碳酸盐岩(含碳酸盐岩夹碎屑岩、碎屑岩夹碳酸盐岩)分布面积约 644km²,占全域面积的 23.97%,碳酸盐岩较为发育(图 7-3)。

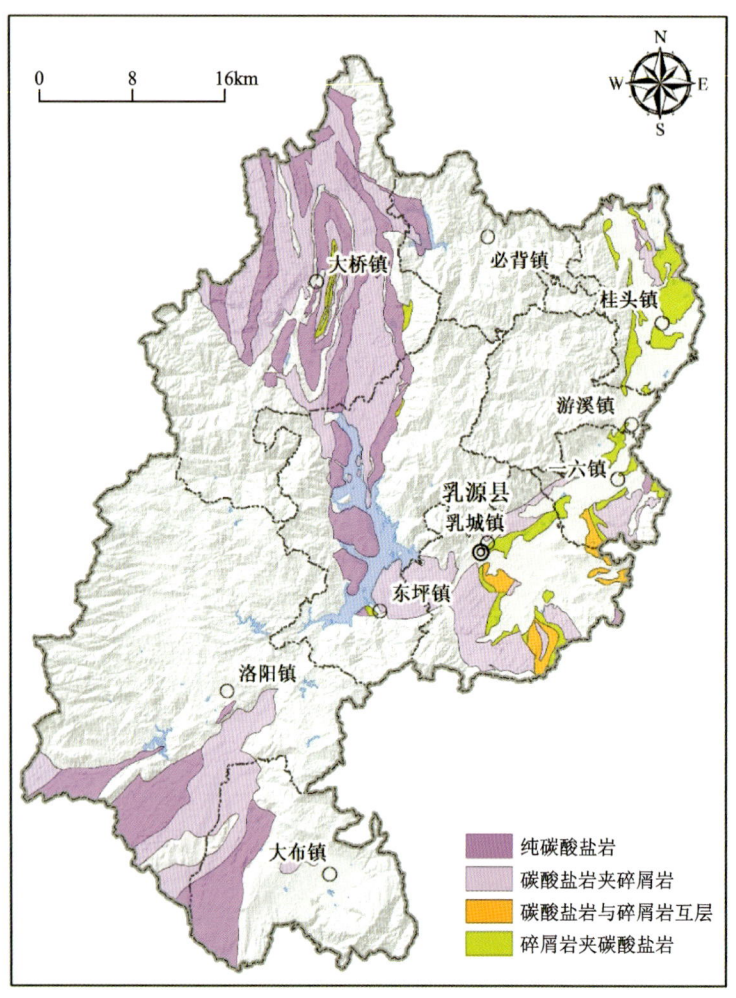

图 7-3　调查区碳酸盐岩分布图

根据碳酸盐岩与碎屑岩含量不同,将调查区碳酸盐岩分为纯碳酸盐岩、碳酸盐岩夹碎屑岩、碳酸盐岩与碎屑岩互层和碎屑岩夹碳酸盐岩 4 种岩性组合类型(表 7-2)。

调查区碳酸盐岩主要为纯碳酸盐岩、碳酸盐岩夹碎屑岩,相对来说,碳酸盐岩比较纯,为石漠化的发生提供了较好的物质基础。纯碳酸盐岩面积 227.78km²,占碳酸盐岩面积的 35.37%,占全域面积的 9.90%,岩性主要为灰岩、白云岩,主要分布于大桥镇、洛阳镇与大布镇交界地带;碳酸盐岩夹碎屑岩面积 344.35km²,占碳酸盐岩面积的 53.47%,占全域面积的 14.96%,岩性主要为灰岩、白云岩夹钙质泥岩、粉砂质泥岩等,主要分布于大桥镇、洛阳镇与

表 7-2 乳源地区碳酸盐岩组合类型

分类	纯碳酸盐岩	碳酸盐岩夹碎屑岩	碳酸盐岩与碎屑岩互层	碎屑岩夹碳酸盐岩
地层单元	棋梓桥组、巴漆组、融县组、石磴子组、梓门桥组、壶天组、栖霞组	天子岭组	大赛坝组	帽子峰组、易家湾组、孤峰组
岩性	灰岩、白云岩	灰岩、白云岩夹钙质泥岩、粉砂质泥岩等	灰岩与碎屑岩互层	砂岩、泥岩夹少量泥灰岩、生屑灰岩
面积(km^2)	227.78	344.35	16.46	55.41
占比(%)	35.37	53.47	2.56	8.60

大布镇交界地带、乳城镇;碳酸盐岩与碎屑岩互层和碎屑岩夹碳酸盐岩这 2 种岩性组合类型面积和占比都较小,二者分布面积共 71.87km^2,占碳酸盐岩面积的 11.16%,主要分布见于调查区东部乳城镇——六镇—桂头镇一带。

2. 石漠化在碳酸盐岩中的分布

在地理信息系统中对石漠化和碳酸盐岩进行相交分析,得出二者交集,然后统计面积,结果见表 7-3。

表 7-3 调查区各类碳酸盐岩石漠化面积与发生率统计表

石漠化程度与发生率	岩石类型			
	纯碳酸盐岩	碳酸盐岩夹碎屑岩	碳酸盐岩与碎屑岩互层	碎屑岩夹碳酸盐岩
轻度石漠化(km^2)	16.70	11.23	0.29	0.52
中度石漠化(km^2)	1.41	1.11	0.01	0.02
重度石漠化(km^2)	0.06	0.26	0	0
合计(km^2)	18.17	12.59	0.30	0.54
石漠化发生率(%)	7.98	3.67	1.82	0.97

纯碳酸盐岩中的石漠化面积为 18.17km^2,石漠化发生率为 7.98%;碳酸盐岩夹碎屑岩中的石漠化面积为 12.59km^2,石漠化发生率为 3.67%;碳酸盐岩与碎屑岩互层中的石漠化面积为 0.30km^2,石漠化发生率为 1.82%;碎屑岩夹碳酸盐岩中的石漠化面积为 0.54km^2,石漠化发生率为 0.97%。分析结果显示,纯碳酸盐岩的石漠化发生率高于不纯碳酸盐岩,且碳酸盐岩越纯,石漠化越发育的规律。

3. 碳酸盐岩与石漠化

调查区碳酸盐岩分布较为广泛,为石漠化的发育提供了物质基础,并形成各种岩溶地貌,为石漠化提供了发育空间。碳酸盐岩的岩性组合不同,石漠化的发育程度与发生率不同,碳酸盐岩的石漠化发生率高于不纯碳酸盐岩,碳酸盐岩越纯,石漠化越发育。

(四)植被因素

1. 植被覆盖度

植被对石漠化的影响举足轻重。不同的植被保水固土能力不同,一般来说,森林保水固土能力最强,灌木次之,草地再次之,而耕地中的旱地最差。但是,不同的植被,其保水固土的作用机理不同,抗蚀作用机理也不同,难以在一个统一尺度进行量化,为了分析植被对石漠化的作用,需要引入一个统一的度量。为此,本次工作引入植被覆盖度来进行分析。植被覆盖度是指植被(包括叶、茎、枝)在地面的垂直投影面积占统计区总面积的百分比,植被覆盖度的测量可分为地面测量和遥感估算两种方法,地面测量常用于田间尺度,遥感估算常用于区域尺度。

利用2022年9月26日成像的哨兵2A卫星的10m分辨率多光谱遥感数据,先提取归一化植被指数(NDVI),然后在像元二分模型的基础上,利用归一化植被指数近似估算植被覆盖度,然后按照低覆盖(<30%)、中低覆盖(30%~45%)、中覆盖(45%~60%)、中高覆盖(60%~75%)、高覆盖(>75%)进行分级,在地理信息系统中对植被覆盖度进行重分类,并转换为矢量,制作调查区植被覆盖度图(图7-4)。

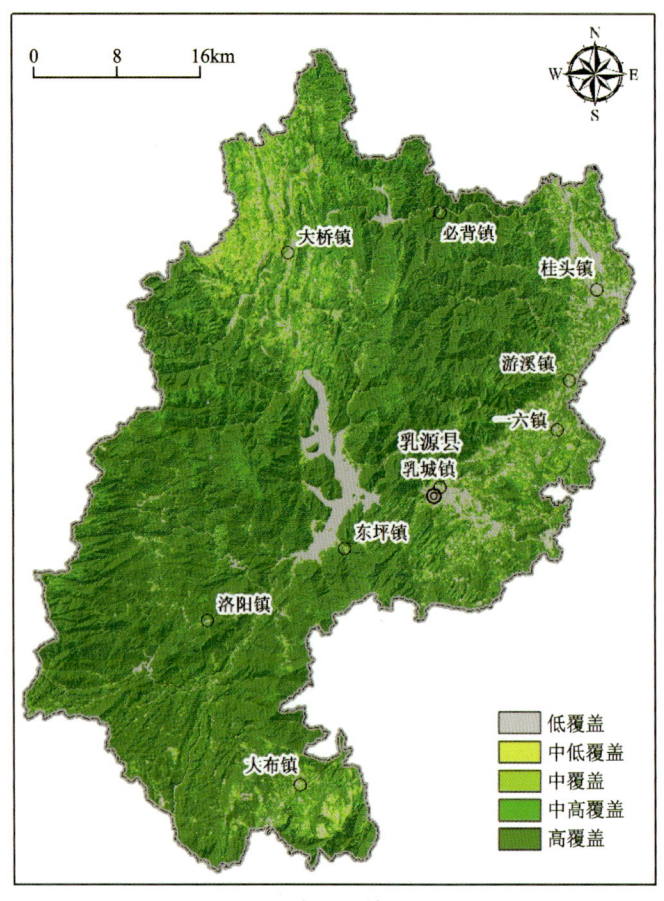

图 7-4 调查区植被覆盖度图

2. 石漠化在不同植被覆盖度区域的分布

在地理信息系统中对石漠化和植被覆盖度进行相交分析,得出二者交集,然后统计面积和石漠化发生率(表7-4)。不同植被覆盖度区域石漠化发生率统计分析结果显示,石漠化发生率以低覆盖最高,达到7.79%,随着植被覆盖度增加,石漠化发生率也随之降低(图7-5)。

表7-4 调查区不同植被覆盖度岩溶石山区石漠化面积与发生率统计表　　　　(单位:km²)

植被覆盖度(%)	低覆盖 (<30)	中低覆盖 (30~45)	中覆盖 (45~60)	中高覆盖 (60~75)	高覆盖 (>75)
植被覆盖面积(km²)	168.75	72.06	146.59	433.34	1 480.99
石漠化发生率(%)	7.79	5.13	3.22	1.04	0.37

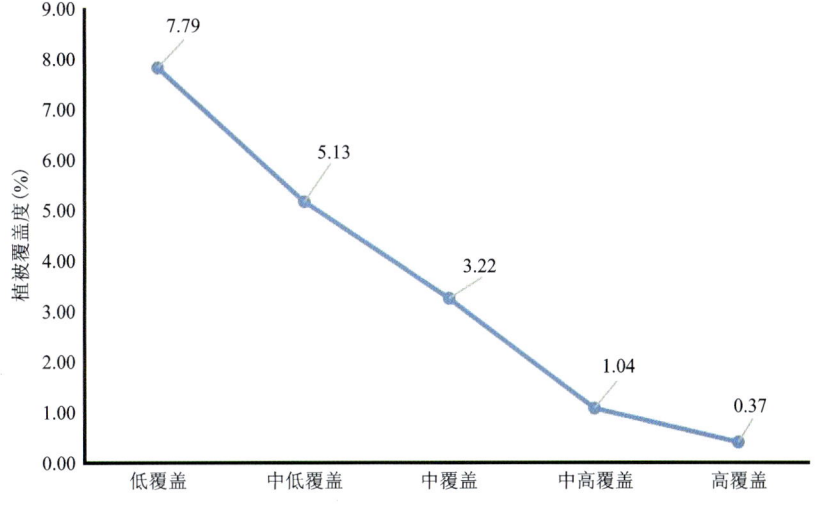

图7-5 调查区石漠化发生率与植被覆盖度关系

3. 植被与石漠化

碳酸盐岩的岩溶作用造成地表岩石千孔百疮,雨水和地表水容易漏失,缺水、少土条件下植被生长速度较慢,岩溶石山上的森林恢复周期较长。如此一来严格地限制了碳酸盐岩地区植被的覆盖率,植被覆盖率低,水土流失就严重,基岩裸露面积就越大,石漠化也就越严重。植被覆盖率降低,如原生的植被大面积地遭受破坏且延续时间长,复杂的小生境及土壤发生剧烈变化,小生境类型减少,贫瘠、干燥、明亮生境面积扩大,肥沃、湿润、阴暗生境趋于减少,气温和地表温度增高,湿度降低,生境干旱化突出,中生性植被生长不良,代之为旱生带刺的灌木或藤本植物种类,原来的乔木幼树可完全消失,植被处在逆向演替系列中的灌草丛阶段。这一阶段持续时间可以很长,若藤、灌丛受到如火烧、开垦等强烈破坏,则逆向演替为草丛甚至石山，植被破坏和退化的结果就是加剧了下伏土层的侵蚀速度，致使基岩裸露，从而形成石漠化。

（五）人类活动因素

近年来，由于人类活动的空间和规模迅速增大，从而产生了人-地关系的失调，加之地质环境保护的意识淡薄，地质环境的恶化问题已到了相当严重的程度。尤其在岩溶石山区这种脆弱的生态环境背景条件下显得更加突出，不合理人类活动的加剧叠加于本身就比较脆弱的生态环境，是导致岩溶石山地区生态环境恶化的又一重要因素。

1. 人类干扰指数

生态系统是受到人类活动深刻影响的有机综合整体，石漠化作为生态系统中的一环，也强烈受到人类活动的影响，可以这样说，如果没有人类活动的干扰，就基本不会有石漠化产生，可见人类活动的干扰对石漠化的深刻影响。为了评价调查区人类活动强度，引入人类干扰指数（UINDEX），来反映人类干扰状况对该地区石漠化的压力进行量度。

人类干扰指数计算公式如下：

$$UINDEX = (耕地面积 + 人类建设用地面积)/土地总面积 \times 100 \qquad (7-1)$$

调查区面积 $2299km^2$，耕地（含园地）面积 $200.57km^2$，建设用地面积 $61.55km^2$，人类干扰指数为 11.39，人类干扰指数小，人类活动对石漠化的压力整体较小。但考虑到岩溶石山区只有谷地、洼地等较为开阔平坦的地区适合人类居住，调查区岩溶石山区的人口分布应为整体分散，局部集中，对于局部小区域，人类干扰指数将大于 11.39，也就是对于大桥镇等石漠化集中分布区来说，人类活动对石漠化的压力相对全县来说会更大一些。

2. 人类活动与石漠化

人为因素加剧石漠化的进程或直接导致石漠化，而且是一个突变的过程。按自然演化的规律，石漠化的形成要经历一个漫长的过程，其演化顺序是渐变的，一般是无石漠化→微石漠化→轻度石漠化→中度石漠化→重度石漠化。一旦人类活动加入自然演化过程，便将自然演化链扰乱，可以在很短的时间内从无石漠化直接进入重度石漠化，重度石漠化一旦形成，治理与恢复的经济成本巨大，难度极大。

二、石漠化敏感性评价

生态敏感性评价是分析区域生态环境稳定性的主要方法之一，可为典型石漠化地区生态环境修复和治理提供依据。石漠化敏感性指在自然状况下发生石漠化的可能性大小，石漠化敏感性评价是为了识别容易形成石漠化的区域，评价石漠化对人类活动响应的敏感程度。

尽管调查区石漠化综合治理成效显著，全县石漠化总体恶化趋势得到有效遏制，但局部仍然还较为严重，有必要对该地区开展石漠化敏感性评价，识别容易形成石漠化的区域及发生石漠化的可能性大小。因此，在遥感解译、野外调查和综合研究的基础上，通过前述影响地区石漠化敏感性的主要自然因素的分析研究,总结石漠化的成因与形成机理,筛选评价指标。在 GIS 的支持下,采用改进的层次分析法(analytic hierarchy process,简称 AHP)评价调查区石漠化敏感性,并分析其空间分异特征,为该地区石漠化防治提供科学依据。

（一）评价指标选取

根据前述调查区石漠化的主要影响因素,筛选评价指标如表 7-5 所示。

表 7-5 调查区石漠化影响因子的敏感性分级表

分级	不敏感	轻度敏感	敏感	高度敏感	极敏感
年降雨量	<400mm	400～800mm	800～1200mm	1200～1600mm	>1600mm
坡度	0°～5°	5°～15°	15°～25°	25°～35°	>35°
岩性组合	非可溶性岩石	碎屑岩夹碳酸盐岩	碳酸盐岩与碎屑岩互层	碳酸盐岩夹碎屑岩	纯碳酸盐岩
植被覆盖度	高覆盖(>75%)	中高覆盖(60%～75%)	中覆盖(45%～60%)	中低覆盖(30%～45%)	低覆盖(<30%)
土地利用类型	城镇村道路用地、城镇住宅用地、干渠、工业用地、公路用地、公用设施用地、公园与绿地、沟渠、管道运输用地、广场用地、河流水面、机场用地、机关团体新闻出版用地、交通服务场站用地、科教文卫用地、坑塘水面、空闲地、内陆滩涂、农村道路、农村宅基地、其他林地、乔木林地、沙地、商业服务业设施用地、设施农用地、水工建筑用地、水库水面、水田、特殊用地、铁路用地、物流仓储用地、养殖坑塘、竹林地	茶园、灌木林地、果园、其他园地	人工牧草地、其他草地、水浇地	采矿用地、旱地	裸土地、裸岩石砾地
分级赋值(C)	1	3	5	7	9
分级标准(SS)	1.0～2.0	2.0～4.0	4.0～6.0	6.0～8.0	>8.0

(二)数据来源

本次工作使用的基础数据主要来自收集和利用遥感手段获取(表7-6),对这些数据进行加工处理,提取表7-5中所列的5项石漠化敏感性要素数据并分级赋值,统一转换为Gauss Kruger投影、30m空间分辨率的栅格图像,得到乳源地区石漠化敏感性单因子评价图。

表7-6 数据来源与描述

数据名称	数据来源
乳源地区行政区划图	乳源瑶族自治县自然资源局
乳源地区土地利用现状图	乳源瑶族自治县自然资源局
乳源地区DEM数据	地理空间数据云(http://www.gscloud.cn)GDEM V2 30m分辨率
乳源地区地质图	中国地质调查局1∶25万地质图(公开版)
乳源地区多年平均降雨量数据	中国科学院水利部成都山地灾害与环境研究所数字山地与遥感应用研究中心
乳源地区哨兵2号卫星遥感数据	欧洲航天局

(三)单因子敏感性评价

1. 降雨量

在地理信息系统中,以乳源地区30m分辨率多年平均降雨量数据(栅格数据,来自中国科学院水利部成都山地灾害与环境研究所数字山地与遥感应用研究中心)为基础数据,按表7-5中的年降雨量分级标准进行分级赋值,然后转为栅格图像,得到乳源地区石漠化年降雨量单因子敏感性评价图(图7-6)。

2. 坡度

采用乳源地区数字高程模型(DEM),在地理信息系统中进行坡度分析,获得坡度图,然后按表7-5中的坡度分级标准对坡度图进行分级,得到乳源地区石漠化坡度单因子敏感性评价图(图7-7)。

3. 岩性组合

以乳源地区1∶25万地质为基础数据(中国地质调查局),在地理信息系统中按表7-5中的岩性组合分级标准进行赋值并转为栅格图像,得到乳源地区石漠化岩性组合单因子敏感性评价图(图7-8)。

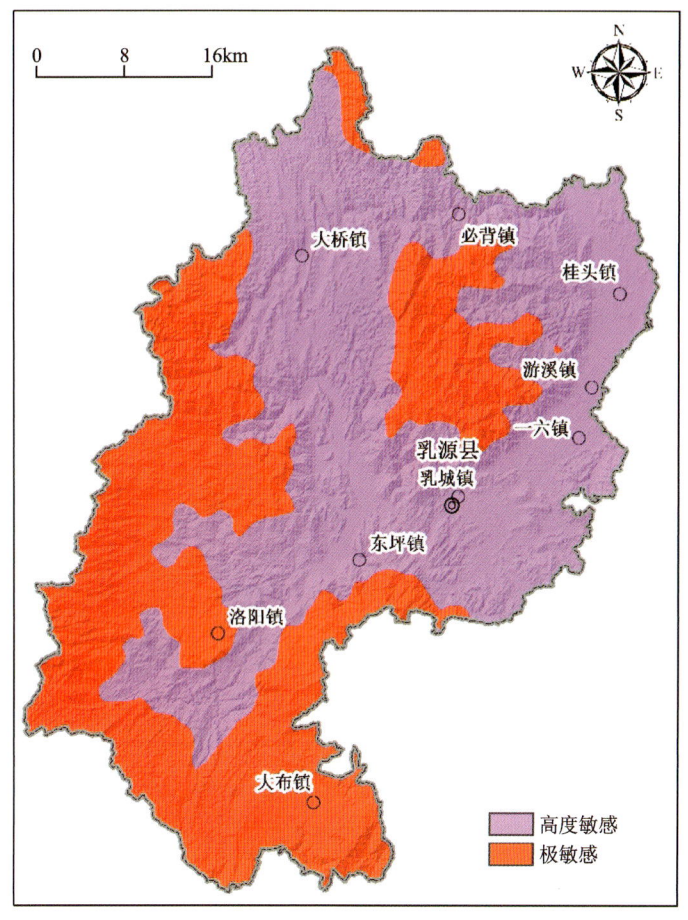

图 7-6　调查区石漠化年降雨量单因子敏感性评价图

4. 植被覆盖度

利用 2022 年 9 月 26 日成像的哨兵 2A 卫星的 10m 分辨率多光谱遥感数据（欧洲航天局），先提取归一化植被指数（NDVI），然后在像元二分模型的基础上，利用归一化植被指数近似估算植被覆盖度，在地理信息系统中按表 7-5 中的植被覆盖度分级标准进行分级，得到乳源地区石漠化植被覆盖度单因子敏感性评价图（图 7-9）。

5. 土地利用类型

以乳源地区第三次全国国土调查的土地利用现状图为基础数据，在地理信息系统中按表 7-5 中的土地利用分级标准进行赋值并转为栅格图像，得到乳源地区石漠化土地利用单因子敏感性评价图（图 7-10）。

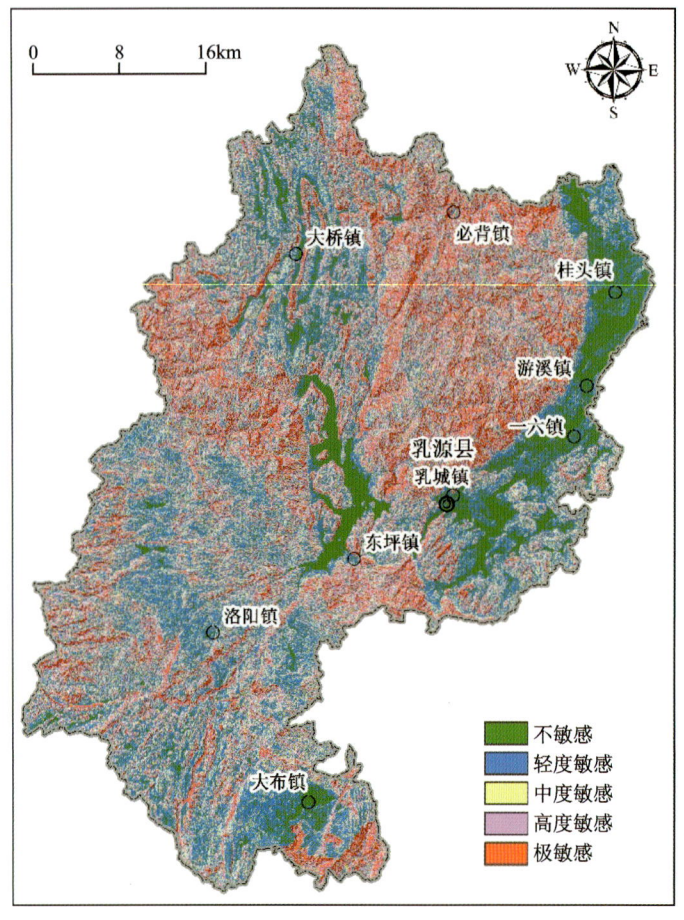

图 7-7 调查区石漠化坡度单因子敏感性评价图

（四）敏感性综合评价

从单因子分析得出的石漠化敏感性,只反映了某一因素的作用程度,要将石漠化敏感性的区域差异综合地反映出来,还需要进行石漠化敏感性综合评价。由于各因素对石漠化的影响不同,在综合评价时应当赋予不同的权重进行加权评价,在 GIS 的支持下,采用改进的层次分析法评价乳源地区石漠化敏感性。

1. 改进的层次分析法

层次分析法在解决定量与定性相结合的决策分析中,因其简洁实用、逻辑清晰等特点,应用十分广泛,常用于生态环境和资源环境评价领域。但也存在着一定的不足,如实际操作困难、统计意义数据偏少、主观依赖性强等。

针对上述问题,本次研究在构建判断矩阵时,对于各个因素之间的重要程度的判断,提出了在调查的基础上,通过综合研究各相关因素（评价指标）的作用机理和内在联系及继承关系

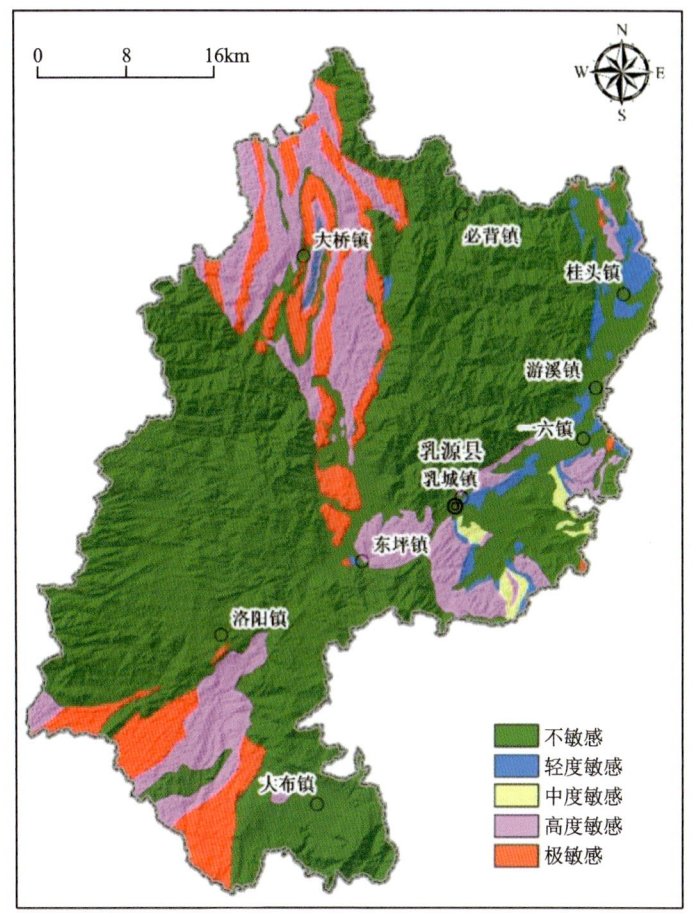

图 7-8　调查区石漠化岩性组合单因子敏感性评价图

来比较各相关因素重要性的方法，从而最大限度降低主观性。通过对影响乳源地区石漠化的5个因素及其作用机理进行分析，对各个因素进行两两比较，预判其相对重要性，构建判断矩阵，然后计算判断矩阵的随机一致性比例，通过分析随机一致性比例、各因素的权重及排序来确定判断矩阵是否构建合理，验证预判是否合理。

2. 重要性比较

首先，石漠化指的是岩溶石漠化，岩性是石漠化发生的物质基础，碳酸盐岩越纯，石漠化越发育，只有可溶性的碳酸盐岩才会发生石漠化，乳源地区的碎屑岩、花岗岩并不会发生石漠化，因此，对于石漠化来说，岩性最为重要。其次，植被持续退化，乃至丧失是石漠化的初始演化阶段，只有植被遭受破坏后，石漠化才开始形成，因此，对于石漠化来说，植被覆盖度第二重要。事实上，实地调查也支持这一判断，在乳源地区，即便是纯碳酸盐岩的陡坡地带，只要植被覆盖良好，也未发生石漠化。再次，其他条件一致的情况下，坡度越陡、土壤侵蚀越强烈，因此，坡度比土地利用类型重要一些，坡度第三重要。最后，乳源地区各地多年平均降雨量在

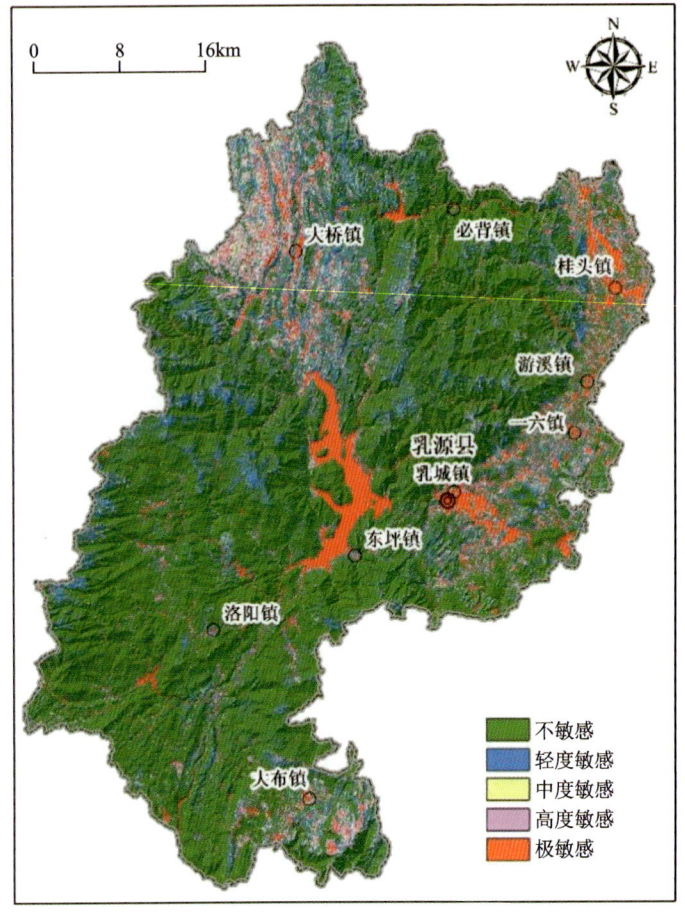

图 7-9　调查区石漠化植被覆盖度单因子敏感性评价图

1468～1893mm 之间，各地差别不大，而土地利用类型对石漠化的影响要比降雨量大。因此，土地利用类型与年降雨量相较，土地利用类型第四重要、年降雨量第五重要。由此，完成了各个因素重要性的预判。

3. 权重计算

首先构建调查区石漠化敏感性决策分析层次结构模型（图 7-11）。

基于上述分析与预判，构建了调查区石漠化敏感性评价的判断矩阵，并计算判断矩阵的随机一致性比例、各因素的权重及排序（表 7-7）。

由表 7-7 中可知，$\lambda=5.2550$，$CI=0.0638$，$RI=1.12$，$CR=0.0569<0.10$，CR 小于 0.10，判断矩阵的一致性较好，表明预判构建的判断矩阵具有令人满意的随机一致性。5 个单因子敏感性权重排序依次为岩性、植被覆盖度、坡度、土地利用类型、年降雨量，权重分配较合理，计算出来的排序与预判一致，表明预判构建的判断矩阵是合理的。

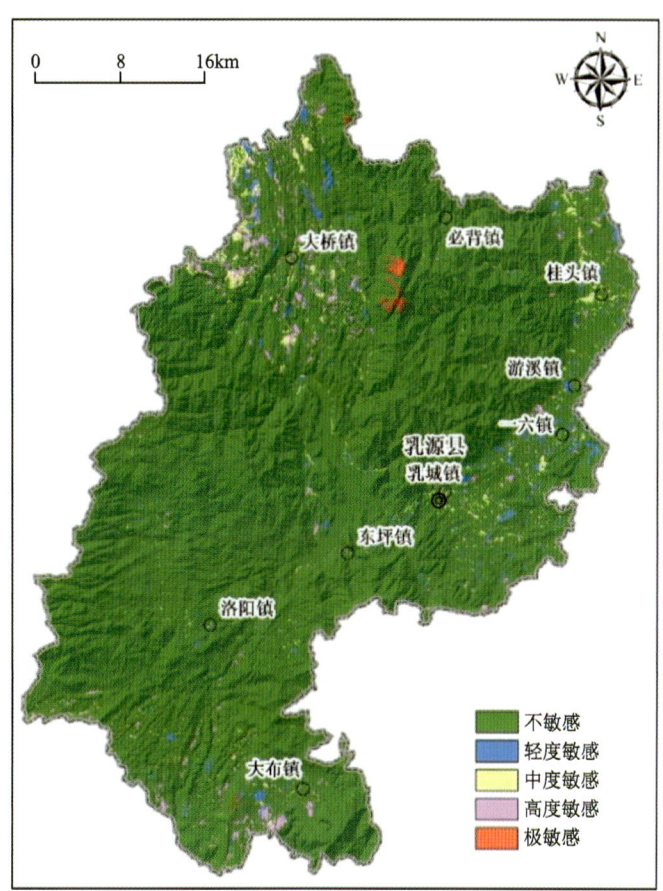

图 7-10 调查区石漠化土地利用单因子敏感性评价图

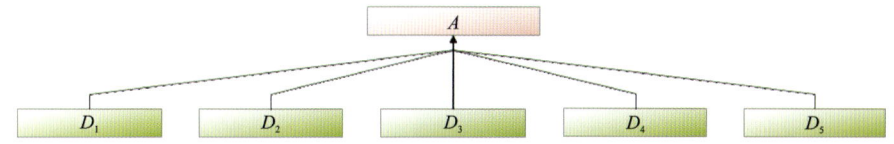

A 表示总目标——调查区石漠化敏感性;D_1 表示年降雨量单因子敏感性;D_2 表示坡度单因子敏感性;D_3 表示岩性组合单因子敏感性;D_4 表示植被覆盖度单因子敏感性;D_5 表示土地利用类型单因子敏感性。

图 7-11 调查区石漠化敏感性决策分析层次结构模型

表 7-7 乳源地区石漠化敏感性判断矩阵与层次排序表

A	D_1	D_2	D_3	D_4	D_5	W	排序
D_1	1	1/3	1/7	1/5	1/3	0.046 0	5
D_2	3	1	1/3	1/3	3	0.149 3	3
D_3	7	3	1	3	5	0.462 6	1
D_4	5	3	1/3	1	3	0.256 2	2
D_5	3	1/3	1/5	1/3	1	0.085 9	4

注:$\lambda=5.255\ 0$,CI$=0.063\ 8$,RI$=1.12$,CR$=0.056\ 9<0.10$。

4. 综合评价

在地理信息系统中,把 5 个石漠化单因子敏感性评价图分别赋以上述计算出来的权重,按照式(7-2)进行计算,得出调查区石漠化单因子敏感性综合指数,然后按照表 7-5 的石漠化敏感性分级标准(SS)进行分级,得到乳源地区石漠化敏感性综合评价图(图 7-12),并统计各敏感性等级面积与占比(表 7-8)。

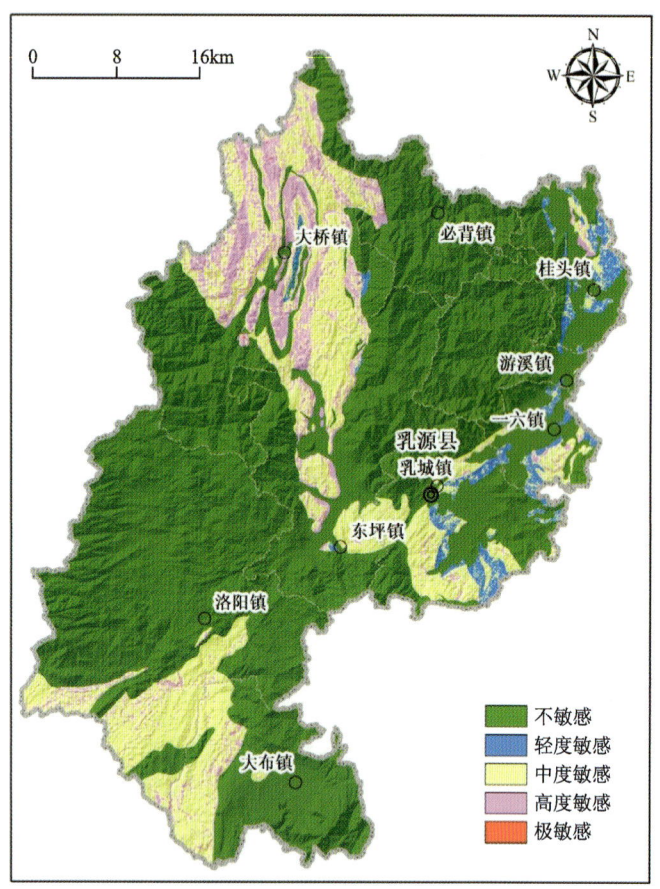

图 7-12 调查区石漠化敏感性评价图

$$ss_j = \sum_{i=1}^{5} C_i W_i \quad (7\text{-}2)$$

式中:ss_j 为 j 空间单元石漠化敏感性;C_i 为 i 因子敏感性等级分值;W_i 为 i 因子敏感性权重。

表 7-8 调查区石漠化敏感性等级统计

石漠化敏感性	面积(km²)	占比(%)
不敏感	1 658.71	72.06
轻度敏感	53.80	2.34

续表 7-8

石漠化敏感性	面积（km²）	占比（%）
中度敏感	447.83	19.46
高度敏感	140.12	6.09
极敏感	1.27	0.05
合计	2 301.73	100.00

5. 石漠化敏感性分布格局

从石漠化敏感性分布图看，乳源地区石漠化敏感性共有 5 个等级，即不敏感、轻度敏感、中度敏感、高度敏感和极敏感。

通过统计，乳源地区石漠化不敏感区域面积 1 658.71km²，占县域面积的 72.06%；轻度敏感区域面积 53.80km²，占县域面积的 2.34%，二者合计 1 712.51km²，占县域面积的 74.40%；中度敏感区域面积 447.83km²，占县域面积的 19.46%；高度敏感区域面积 140.12km²，占县域面积的 6.09%；极敏感区域面积 1.27km²，占县域面积的 0.05%。整体来说，乳源地区整体石漠化不敏感，局部较为敏感，局部发生石漠化可能性依然存在。

从敏感性分异来说，全县大部分地区对石漠化不敏感，但大桥镇石漠化很敏感，东坪镇、洛阳镇、大布镇石灰岩分布区较为敏感，尤其大桥镇，石漠化敏感性等级高、分布广，需要持续加强治理与监测。

第二节　历史遗留矿山生态修复探索

历史遗留矿山的生态环境问题，是生态地质调查的重大课题。有关历史遗留矿山的生态修复与维护，也已成为当前生态环境保护领域的重要任务。本次工作聚焦生态区位重要、生态问题突出、严重威胁影响人居环境的历史遗留矿山开展。在拟建的南岭国家公园生态保护区内，2016 年关停了一座大理岩采石场，土壤环境调查结果表明，土壤环境重金属严重超标，是该历史遗留大理石采石场突出存在的生态环境问题。本次工作在圈定该历史遗留矿山废弃地土壤重金属元素的潜在生态危害影响范围基础上，重点探索研究 As、Cd 等重金属元素的成因来源及迁移富集过程特征，重溯矿区土壤环境重金属污染历史，探索矿山植物生态修复技术，为同类型历史遗留矿山生态修复治理提供科学依据和参考借鉴。

一、典型历史遗留矿山现状

（一）矿区主要生态环境问题

粤北乳源某历史遗留大理岩采石场，位于广东省北部生态发展区韶关市乳源境内，地理坐标为北纬 24°54′27″—24°54′39″，东经 113°06′03″—113°06′12″，占地 81 863m²（含尾矿库），约 122 亩(0.081km²)。其生态区位重要,矿区废弃地整体处于拟建的南岭国家公园生态保护区内,原开采矿种为大理岩石料,已关停。

矿区 2016 年 12 月关停治理,2018 年 1 月,在该废弃矿区下游水系小坑河,采集河漫滩样品,结果发现存在严重的砷超标,砷含量高达 1323μg/g,超出农用地环境质量国家标准约 60 倍。2022 年 10 月,同点位采集河漫滩样品,砷含量不降反升,数值达到了 2893μg/g。2016 年以来,采石场废弃后已进行初步治理,地形工程防护类台阶挡土墙修建及台阶土壤的平整工作、覆土工作已完成,但地貌景观的复绿工作,前期撒播的松米、高羊茅草种,以及种植的松树袋苗、楠木及爬山虎等生态效果不明显,大多枯死(图 7-13)。由此,土壤重金属 As 严重超标和地貌景观破坏是该大理石采石场突出存在的生态环境问题。

图 7-13 兴达大理岩采石场现状(摄于 2023 年 3 月 9 日,镜像 NE45°)

(二)地质背景

该大理岩矿区位于粤北天门嶂矿田南段东部,矿区外围褶皱、断裂构造发育(图 7-14)。矿区地质体主要为壶天组灰岩,周边除东北角出露石磴子组灰岩外,其余地层均为测水组碎屑岩,南部与早、晚侏罗世二长花岗岩接触。接触带构造为区内另一主要构造形态,壶天组灰岩与南部侏罗纪岩浆热液接触变质,形成大理岩矿体。

二、矿区地球化学特征

(一)样品布设与采集

根据前期资料收集和南岭国家公园生态保护区生态地质调查初步成果,结合本次工作目的,部署调查研究的实物工作,共布设了包括成土母质剖面、土壤水平剖面、底泥沉积物、树木年轮和原生植物 5 类调查(图 7-15)。成土母质剖面主要布置于矿区汇水域,涉及两类不同地质背景,布设两条剖面,根据土壤剖面构型,采集样品 6 件;土壤水平剖面部署于矿

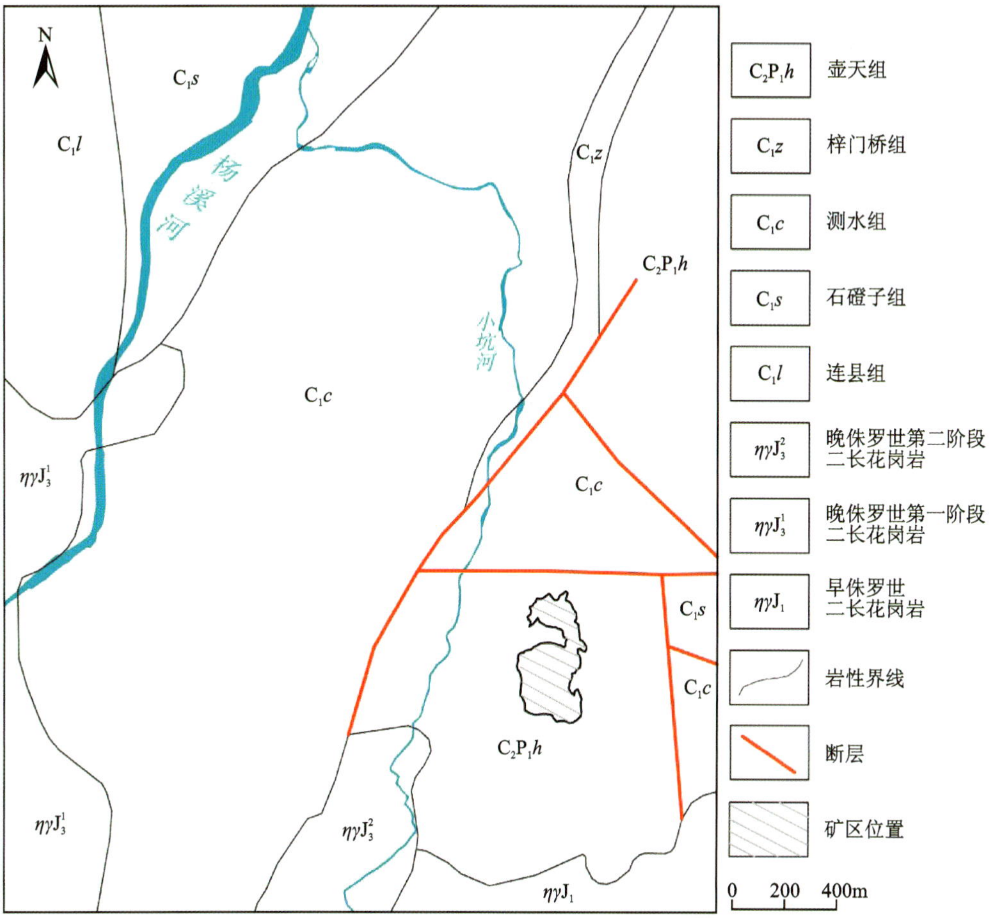

图 7-14 粤北乳源某大理岩采石场地质背景

区一级水系小坑河的上、中、下游,部署了 3 条横切径流流向的土壤水平剖面,每条剖面由 5 个样品组成,采样介质包括残积物、坡冲积物和底泥 3 类,共采集样品 15 件;底泥沉积物主要部署于矿区汇水流域的小坑河、杨溪河,共采集样品 6 件;树木年轮主要截取截取了两个树龄 20 年的杉树树盘,选择年轮清晰易辨的一个,按年轮取样 20 件;原生植物针对矿区及对照区现有的原生优势植物,采集样品 5 件,种类包括蜈蚣草、豚草、高羊茅草、爬山虎等。

(二)土壤水平剖面地球化学特征

本次工作在该大理岩采石场的下游小坑河水系,部署了 3 条横切径流方向的土壤水平剖面,每条剖面由 5 件样品组成,采样介质包括残积物、坡冲积物和底泥 3 类,共采集 15 件土壤样品,测试 As、Cd、Cr、Hg、Cu、Pb、Ni、Zn 及 pH 值共 9 项指标(表 7-9)。

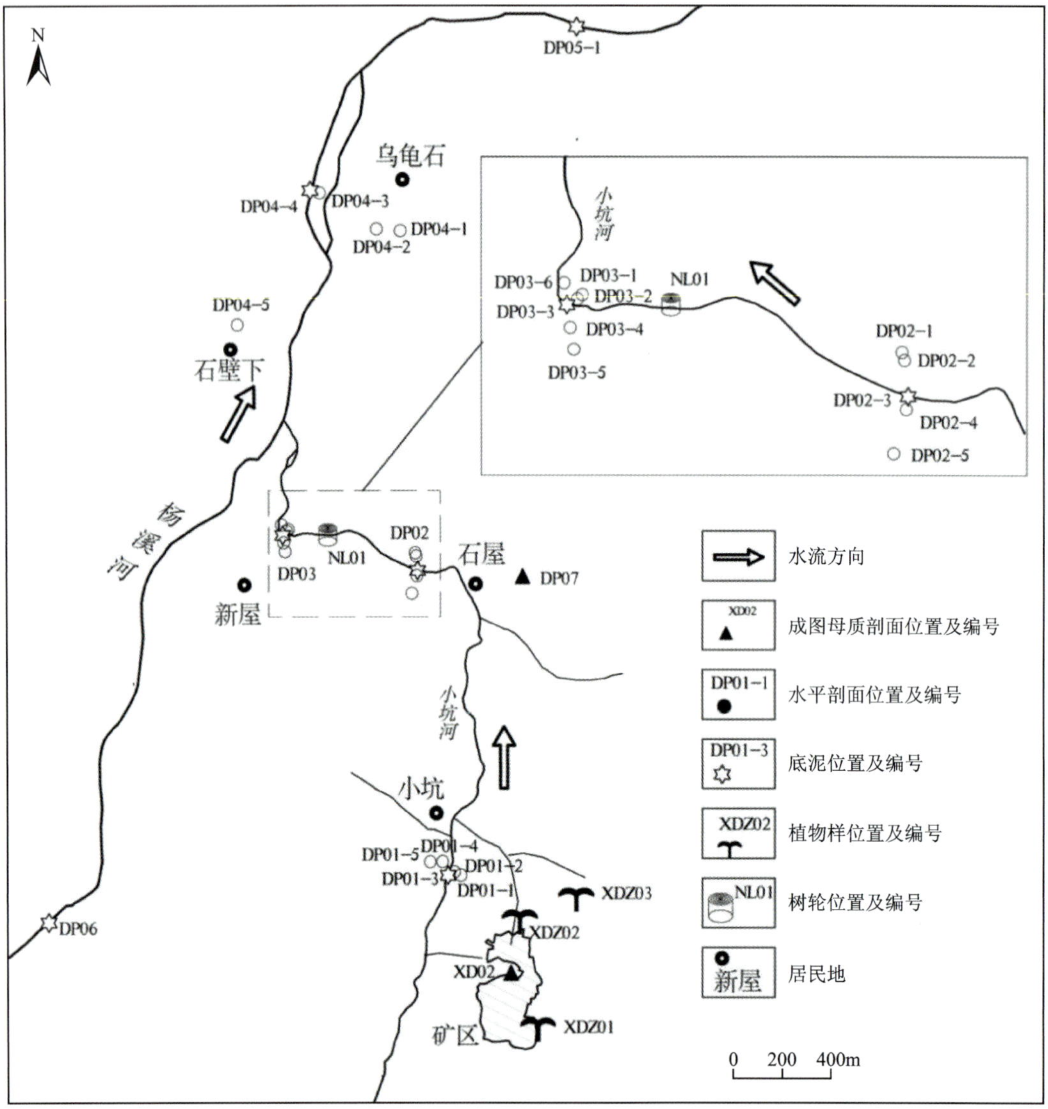

图 7-15 调查区采样点位图

表 7-9 调查区土壤水平剖面元素含量特征

样品编号	Pb	Cd	Zn	Cr	Ni	Cu	As	Hg	pH 值
DP01-1	101	3.67	293	143	99.9	31.5	52.4	0.14	7.90
DP01-2	89.6	2.11	233	114	83.1	17.2	62.8	0.10	7.85
DP01-3	332	1.31	90.6	8.67	5.12	28.7	831	0.019	8.23
DP01-4	75.3	0.59	90.4	82.1	25.5	19.9	99.9	0.14	4.81
DP01-5	51.0	1.06	90.1	85.6	34.8	26.2	78.3	0.16	6.19

续表 7-9

样品编号	Pb	Cd	Zn	Cr	Ni	Cu	As	Hg	pH 值
DP02-1	44.4	0.30	97.3	94.7	40.5	27.7	48.9	0.086	5.13
DP02-2	45.7	0.37	80.7	73.0	28.6	22.1	38.8	0.082	8.27
DP02-3	163	0.76	67.9	16.4	6.37	16.7	383	0.014	8.82
DP02-4	93.9	0.77	121	43.9	20.3	24.4	109	0.16	7.24
DP02-5	26.8	0.28	87.0	54.6	37.6	22.7	96.6	0.074	4.76
DP03-1	32.8	0.62	94.3	82.0	41.6	36.2	43.6	0.078	5.08
DP03-2	288	0.88	64.6	18.0	6.74	24.2	696	0.015	8.75
DP03-3	315	1.19	64.3	17.5	6.42	22.1	660	0.017	8.26
DP03-4	89.5	0.50	86.0	53.5	18.4	25.6	165	0.080	7.39
DP03-5	35.2	0.18	85.7	64.5	39.9	42.1	72.5	0.090	4.94

注：pH 值无量纲，元素含量单位为 μg/g。

该采石场位于南岭国家公园生态保护区内，对土壤重金属环境质量进行评价时，采取从严原则，选择相比建设用地要求更为严格的农用地国家标准，作为土壤环境质量等级划分标准(表 7-10)。

表 7-10 土壤环境污染风险等级划分

污染风险	无风险	风险可控	风险较高
划分方法	$C_i \leqslant S_i$	$S_i < C_i \leqslant G_i$	$C_i > G_i$

注：据 GB 15618—2018 使用办法划分，C_i 为土壤中 i 指标的实测含量，S_i 为筛选值，G_i 为管制值。

在综合考虑酸碱度和土地利用影响因素的前提下，15 件样品中，超质量标准所限定管制值的样品有 5 件，超标重金属为 As，超标率为 33.3%，风险等级较高；超筛选值的重金属样品数量由多到少依次为 As、Cd、Pb 和 Ni(仅 1 件样品超标)，超标率分别为 100%、66.7%、40% 和 6.7%，风险等级可控；其余 4 项重金属指标全部均低于筛选值，属于无风险的清洁水平。考虑到 Ni 只有 1 件样品超筛选值且现行质量标准并无该指标的管制值，本次评价暂不将其列入超标重金属范围。结果表明，受矿区影响的周边环境，土壤污染风险等级较高，重金属严重超标元素为 As，含量超标但风险可控的重金属元素有 Cd、Pb。

(三)成土母质剖面地球化学特征

该矿区下游水系小坑河流经的主要汇水域，地质背景为测水组早石炭世含碳泥质岩类和壶天组晚石炭世—早二叠世碳酸盐岩类，针对矿区不同的地质背景，分别布设相应的成土母质剖面，以查明地质背景对矿区土壤环境重金属的贡献量。根据壤剖面构型，分别按腐殖质层、淀积层和母质层采集样品，不同层段重金属含量及 pH 值分布特征如图 7-16、图 7-17 所示。

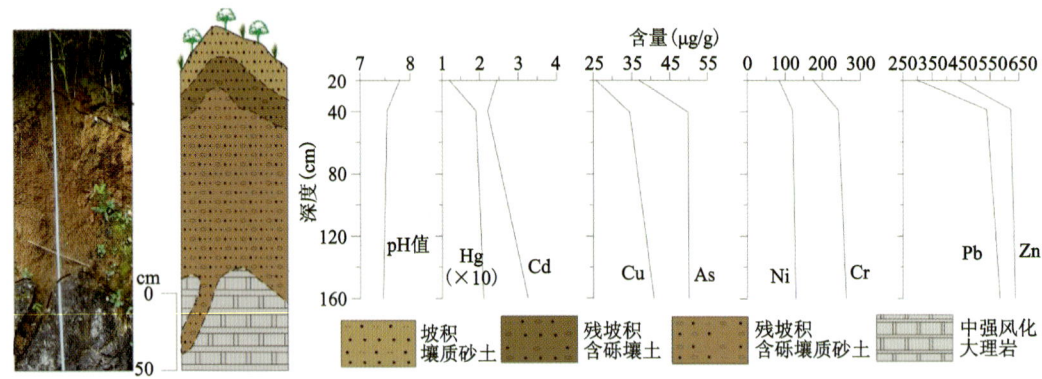

图 7-16　矿区碳酸盐岩类成土母质土壤剖面元素分布特征

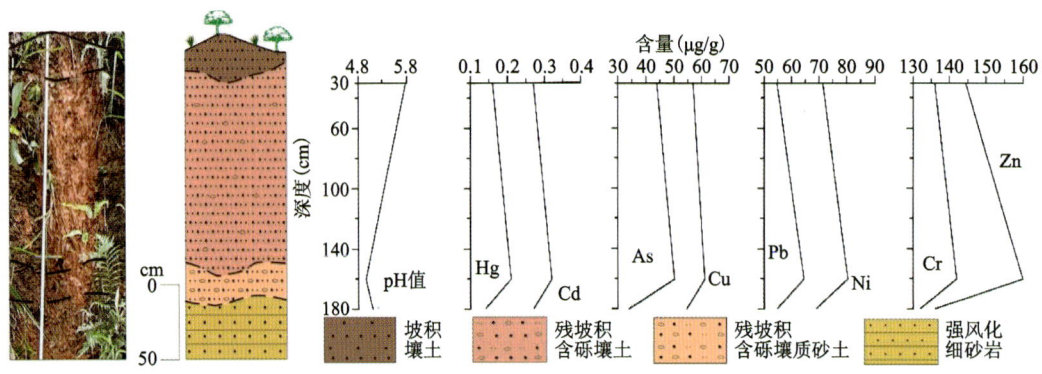

图 7-17　矿区含碳泥质岩类成土母质土壤剖面元素分布特征

由图 7-16 可见，与开采区相同地质背景的碳酸盐岩类剖面重金属元素 Pb、Cd、Zn 和 As 基本均超筛选值范围，但除 Cd 超过管制值外，其余元素超标不明显，与筛选值相差不大。可见，除 Cd 外，其土壤环境质量风险处于无风险或风险可控范围；而矿区同汇水域的含碳泥质岩类母质剖面中（图 7-17），重金属含量仅 Ni 和 As 稍微超筛选值，土壤环境质量处于安全的无风险或风险可控范围。由此判断，地质背景可能会对土壤环境造成超标影响的元素主要为 Cd，其余元素含量较低，重金属风险均处于安全范围，说明在土壤发育过程中，地质背景对重金属富集的贡献量有限，难以形成重金属（As）的超富集现象。

（四）河流底积物

本次工作根据源-汇关系，在矿区主要汇水水系小坑河上、中、下游，以及汇入的主干河流杨溪河中、下游和不受小坑河汇入影响的上游，分别布设采集底泥（DP03-6 为河漫滩）样品 6 件，以圈定矿山土壤环境重金属的影响范围和评价矿区土壤重金属污染程度，并对超标重金属元素进行溯源。所有样品均分析测试 AS、Cd、Cr、Hg、Cu、Pb、Ni、Zn 共 8 个重金属及 pH 值 9 项指标。测试结果见表 7-11。

表 7-11 矿区范围河流底积物元素含量特征

样品编号	Pb	Cd	Zn	Cr	Ni	Cu	As	Hg	pH 值
DP03-6	973	1.62	85.9	21.2	7.97	80.5	2893	0.046	8.03
DP01-3	332	1.31	90.6	8.67	5.12	28.7	831	0.019	8.23
DP03-3	315	1.19	64.3	17.5	6.42	22.1	660	0.017	8.26
DP02-3	163	0.76	67.9	16.4	6.37	16.7	383	0.014	8.82
DP04-4	72.5	0.29	45.6	7.78	3.86	5.9	52.4	0.057	5.62
DP05	45.5	0.25	37.2	6.97	3.41	4.18	45.8	0.011	8.35
DP06	39.5	0.15	27.3	0.92	0.86	2.74	32.9	0.007 4	6.76

注：pH 值无量纲，元素含量单位为 μg/g。

底泥样品中，主要超标的重金属元素为 As、Cd 和 Pb。在矿区下游水系小坑河中的底泥沉积物（样品 DP01-3、DP02-3、DP03-3、DP03-6），重金属元素含量均不同程度高于汇入主干河流的杨溪河沉积物（样品 DP04-4、DP05、DP06）。小坑河内的 4 件底泥沉积物中，As 含量均超过管制值，其中 DP03-6 的 As 含量更是高达 2893μg/g，超出筛选值 100 多倍、管制值近 30 倍，属于严重超标，土壤环境质量情况严峻；Cd 和 Pb 方面，情况稍好，小坑河底泥沉积物含量均在筛选值以上但未超管制值，土壤环境质量级别属于风险可控范围。而在汇入主干河流杨溪河后，底泥重金属含量相比处于较低水平，土壤环境质量情况明显改善，未出现超出管制值的含量，且除 As 以外，未见有超筛选值的现象。

三、重金属元素来源分析

（一）成土母质贡献

该矿区下游水系小坑河流经的主要汇水域，地质背景为测水组早石炭世含碳泥质岩类和壶天组晚石炭世—早二叠世碳酸盐岩类，针对矿区不同的地质背景，分别布设相应的成土母质剖面，以查明地质背景对矿区土壤环境重金属的贡献量。根据壤剖面构型，分别按腐殖质层、淀积层和母质层采集样品，不同层段重金属含量及 pH 值分布特征如表 7-12 所示。

表 7-12 矿区成土母质土壤剖面元素含量特征

母质类型	剖面层位	Pb	Cd	Zn	Cr	Ni	Cu	As	Hg	pH 值
含碳泥质岩类	腐殖质层	54.7	0.27	144	136	71.4*	56.9	43.9*	0.16	5.79
	淀积层	64.5	0.32*	160	142	80.4*	61.2	50.2*	0.21	4.97
	母质层	59.4	0.28	136	132	68.9*	54.5	33.7	0.14	5.11
碳酸盐岩类	腐殖质层	297*	2.44*	439*	175	84.3	25.6	37.1*	0.12	7.8
	淀积层	539*	2.21*	621*	242	120	34.5	49.8*	0.19	7.54
	母质层	585*	3.27**	637*	263	128*	41.3	51.1*	0.21	7.46

注：pH 值无量纲，元素含量单位为 μg/g，* 为超筛选值，** 为超管制值。

与开采区相同地质背景的碳酸盐岩类剖面，重金属元素 Pb、Cd、Zn 和 As 基本均超筛选值范围，但除 Cd 超过管制值外，其余元素超标不明显，与筛选值相差不大；而矿区同汇水域的含碳泥质岩类母质剖面中，重金属含量仅 Ni 和 As 稍微超筛选值。可见在正常地质背景中，土壤环境重金属含量水平并不高，说明在土壤发育过程中，地质背景对重金属元素富集的贡献量有限，土壤的正常发育难以形成重金属元素的超富集，土壤中 As 的超高富集，应另有来源。

(二) 河流底积物的溯源

图 7-18 是矿区范围内底泥样品 As 的含量点位变化图。在该大理岩矿区，存在着两个汇水流域：小坑河流域和杨溪河流域。其中，小坑河流域为矿区直接的下游水系，其内的河流底积物 As 含量范围为 383~831μg/g，远超管制值范围。而杨溪河流域为小坑河的汇入二级水系，底积物中的 As 含量范围为 32.9~51.1μg/g。可以看出，随着河流水系远离矿区，特别是从矿区下游水系小坑河汇入主干河流杨溪河后，即使在地质背景没有很大变化的前提下，As 含量也迅速降低，由远超管制值剧烈降低至接近筛选值水平，底泥沉积物 DP04-4 和 DP05 的 As 含量分别为 52.4μg/g 和 45.8μg/g，远低于管制值的限量。河流底积物 As 含量指示，矿区为土壤环境 As 的高含量主要来源。

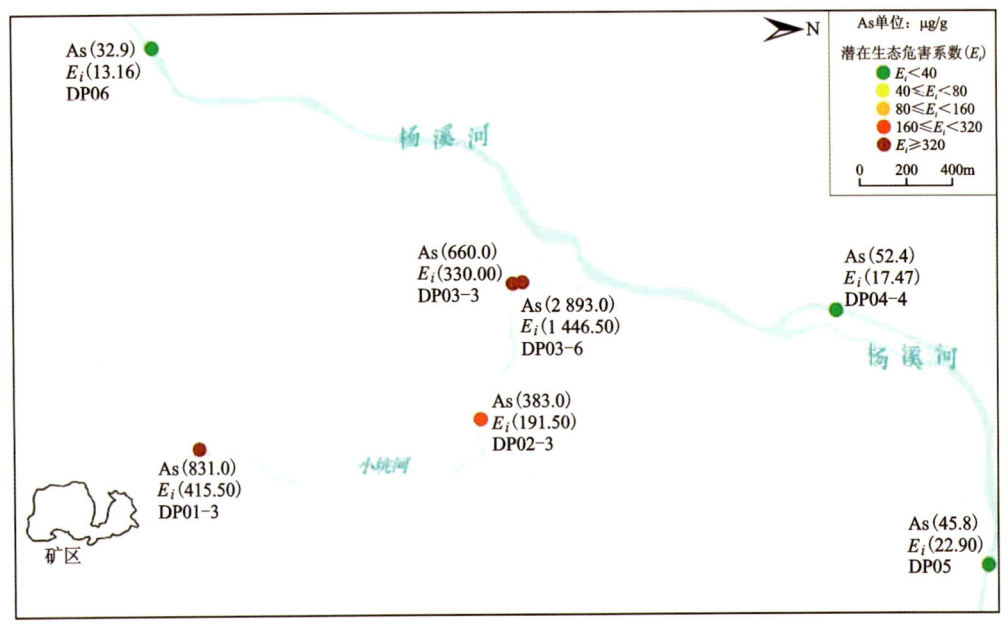

图 7-18 矿区底泥沉积物 As 含量分布和潜在生态危害系数

(三) 植物生态效应分析

在矿区范围，蜈蚣草是常见的蕨类植物，属于该区原生植物中的优势种。本次工作，在采坑大理岩和矿区外围对照区同为碳酸盐岩类的壶天组灰岩石隙，分别各采集 1 件蜈蚣草样品，XDZ01 样品采集于采坑大理岩石隙，XDZ03 采于对照区灰岩石隙中，分析结果列于表 7-13。矿区主要超标的 3 项重金属元素中，两件样品 Cd 和 Pb 的差别不大，同属正常背景水平，但 As 含量均较高，远高于正常成土母质剖面土壤中 37.1~51.1μg/g 的含量，证实蜈蚣草对砷

表 7-13　矿区蜈蚣草重金属含量特征（μg/g）

样品编号	As	Cd	Pb
XDZ01	344	0.291	3.63
XDZ03	87.2	0.224	3.55

的超富集能力。同时，生长于矿区与正常基岩区的同种类的植物，As 含量也差异很大，两者含量相差约 4 倍，表明在矿区中，存在着丰富的 As 来源提供，致使矿区植物蜈蚣草中 As 超富集。

（四）矿区土壤重金属成因来源

该大理岩矿区位于天门嶂矿田南段东部，主要处于壶天组灰岩内，周边除东北角出露石磴子组灰岩外，其余地层均为测水组碎屑岩，南部与早—中侏罗世二长花岗岩接触。接触带构造为区内另一主要构造形态，壶天组灰岩与南部侏罗纪岩浆热液接触变质，形成大理岩矿体，属典型的矽卡岩型矿床。

高温热液矿床中常见到有砷的富集，例如在邻区湖南省的常宁、桂阳、临武，广东省内的汕尾等地的锡砷矿床，是高温热液的毒砂锡石型矿床，成矿地质背景与本次工作的大理岩矿场相类似，基本上沿着花岗岩与大理岩的接触带分布，在本次工作的大理岩矿场南东 1.4km 也存在着相同地质背景的锡矿山。这类矿体中最多的金属矿物为毒砂、锡石和黄铜矿，它们占全部矿物的 90%，而毒砂（FeAsS）则独占 50% 以上。这 3 种矿物常组成条带状或环状构造，环状构造的最外带矿石多为毒砂，近中心则以黄铜矿为主，锡石介于两者之间。该大理岩矿区的开采，最先开采到的环带应为最外带，其矿石毒砂因开采暴露地表而随地表水等路径迁移至下游水系小坑河富集沉积起来，引起 As 严重超标。

（五）重金属超标影响范围

潜在生态危害系数（指数）是评价重金属污染程度最常用的方法之一。该矿区严重超标重金属元素为 As，引用潜在生态危害系数（表 7-14），判定该矿区重金属超标影响范围。

表 7-14　潜在生态危害系数与污染程度

潜在生态危害系数	污染程度
$E_i < 40$	（潜在）轻微生态危害
$40 \geqslant E_i < 80$	中等生态危害
$80 \geqslant E_i < 160$	强生态危害
$160 \geqslant E_i < 320$	很强生态危害
$E_i \geqslant 320$	极强生态危害

$$P_i = C_i / S_i \tag{7-3}$$

$$E_i = T_i \cdot P_i \tag{7-4}$$

式中：P_i为单因子污染指数；C_i为土壤中重金属i指标的实测浓度；S_i为污染物的参考标准，取农用地土壤环境质量筛选值；T_i为某重金属i的毒性相应系数，反映重金属的毒性水平及土壤对重金属污染的敏感性，参考相关研究，As的毒性相应系数为10。

矿区下游重金属As的潜在生态危害系数，是随影响范围而变化的（图7-18）。在小坑河流域内，As含量均超过了管制值，E_i范围为191.5～1446.5，污染达到很强—极强生态危害程度。汇入主干河流杨溪河后，As含量迅速降低，按离矿区的距离由近到远，As含量依次降低52.4μg/g、45.8μg/g，在杨溪河的下游，离DP05的北东方向3km和4km，还获得了两个生态地质调查路线样品数据，As含量依次为14.2μg/g和10.9μg/g，E_i范围为4.4～22.9，土壤环境质量属于清洁水平。

由此推断，在矿区开采，矿石暴露地表后，其高砷细小碎屑物质（矿石）随地表径流小坑河迁移，在河水变缓处大量淤积下来，形成水平土壤剖面DP03处的大片河漫滩。河漫滩沉积物2018年测得As含量1323μg/g，本次调查结果为2893μg/g，污染均达极强生态危害程度。过了此处河段后，河流沉积物As含量降至52.4μg/g，污染程度为（潜在）轻微生态危害，属于清洁水平。实验数据表明，高砷的主要矿石毒砂，属于中等稳定的硫化物，它在水中的溶解度极低，在100mL温度为18℃的水中，能溶解0.05mg，在40℃时为0.3mg。因此在碎屑矿石淤积固定后，单靠水中溶解，能携带的As是有限的，高砷的矿石在DP03处河漫滩淤积后，矿区的影响范围也到此结束，生态危害程度由极强骤降至（潜在）轻微。由此圈定该大理岩矿区重金属污染的影响最大范围应该是由矿区采坑沿小坑河流域至水平土壤剖面DP03附近，直线影响距离约为1.5km。

四、矿区土壤环境重金属历史重溯

树木年轮化学相比于传统水地球化学、底泥等在标记时间序列上有其独特的优越性。本次工作，在As含量高达2893μg/g的河漫滩旁，截取了树龄20年的杉树树盘作为样品，按树轮分别采集样品20件，树轮对应年份及测试结果见表7-15。树轮中重金属浓度在时间序列上的变化趋势曲线如图7-19所示。

表7-15　矿区树木年轮重金属含量特征（μg/g）

树轮年代	As	Cd	Pb	树轮年代	As	Cd	Pb
2003年	0.096	0.055	0.056	2013年	0.053	0.078	0.079
2004年	0.072	0.058	0.046	2014年	0.095	0.068	0.175
2005年	0.096	0.065	0.038	2015年	1.31	0.286	5.25
2006年	0.088	0.058	0.049	2016年	0.046	0.093	0.090
2007年	0.057	0.056	0.068	2017年	0.145	0.043	0.153
2008年	0.069	0.062	0.053	2018年	0.044	0.044	0.085
2009年	0.048	0.061	0.056	2019年	0.082	0.098	0.122
2010年	0.044	0.053	0.051	2020年	0.085	0.084	0.140
2011年	0.042	0.046	0.049	2021年	0.121	0.117	0.163
2012年	0.047	0.119	0.063	2022年	0.138	0.205	0.113

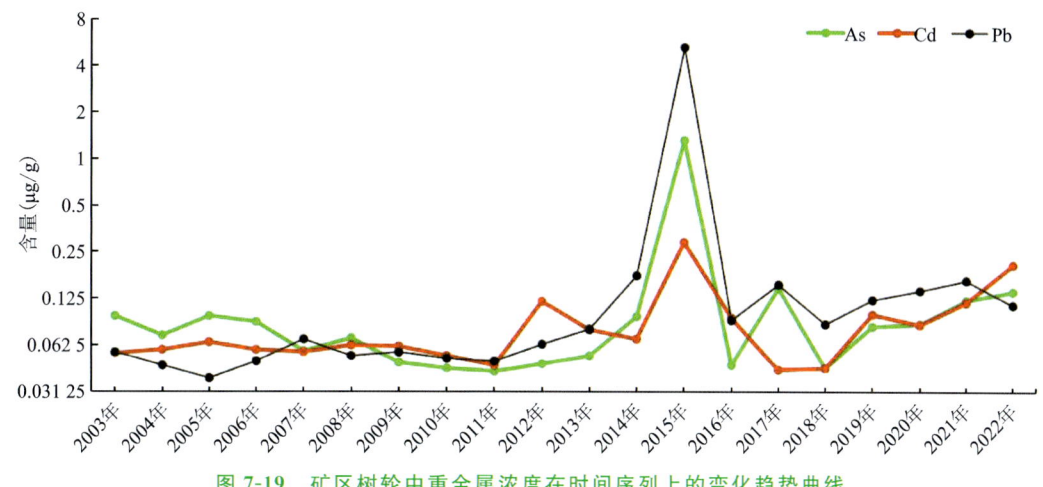

图 7-19 矿区树轮中重金属浓度在时间序列上的变化趋势曲线

结合 landsat7 卫星影像（2007 年/2008 年/2010 年/2012 年/2014 年/2016 年/2018 年/2021 年）共 8 期的遥感时序监测结果（表 7-16），揭示矿山开采重金属污染的时间变化序列，重溯土壤重金属污染历史。

表 7-16 采石场遥感时序监测

监测时间	监测结果
2007-11-28	未开采
2008-12-9	已经开采，但开采范围较小
2010-12-31	开采范围进一步扩大
2012-03-26	开采范围进一步扩大，可清晰识别各种生产、生活设施
2014-01-16	生产进入高潮，范围进一步扩大，采坑明显，可清晰识别各种生产、生活设施
2016-12-23	已关停，各种生产、生活设施正在拆除，留下一个巨大的采坑
2018-10-30	各种生产、生活设施已全部拆除，巨大的采坑已经覆土，采坑底部呈土黄色，但采坑壁依旧是白色
2021-01-18	关停已有一段时间，巨大的采坑覆土已经长草，草枯后呈灰色，因此采坑底部呈灰色，但采坑壁依旧是白色

结果表明，在 2008 年矿山开采以前，重金属含量处于极低水平，均小于 $0.1\mu g/g$。到 2011 年，矿山开采还不成规模，地表尚保持大概完好的原貌，重金属含量也处于低水平阶段。反映出在矿山未开采和开采前期，矿山地貌景观尚未被破坏，对周围环境影响极小。2012 年开始，采石场的开采范围进一步扩大，各种生产、生活设施成规模进场，矿山地表地貌景观已看不出原貌，重金属元素开始急速累积，超过了 $0.1\mu g/g$ 的水平。到 2014 年，矿山开采达到高潮，这 3 年时间，树轮反映重金属的含量水平不断增加，As 含量更是在 2015 年突破了 $1.3\mu g/g$ 的水平，达到峰值。推测在 2014 年，矿体开挖，到达深部矿体环带构造的毒砂层带，

高砷的矿石暴露地表,随着地表径流迁移扩散,造成下游树木生长累积高含量的 As。2016 年矿山关停后,由于地表地貌景观一直没有得到恢复,重金属含量在年轮中也始终处于高水平状态。河漫滩中土壤 As 含量由 2018 年的 1323μg/g 累积富集到了 2022 年的 2893μg/g,也从侧面证明了矿山的高砷矿石在矿山关停后,高砷矿石碎屑的迁移扩散从未停止,一直从矿山随地表径流迁移至下游,造成重金属严重富集超标。

五、矿区生态修复探索

该大理岩矿区,突出存在的矿山地质环境问题为土壤环境重金属 As 超标和地貌景观破坏。目前,矿区土壤重金属污染治理途径归纳起来主要包括工程修复技术、物理修复技术、化学修复技术、生物修复技术(植物修复技术)4 种。其中,植物修复作为一种不破坏土壤结构、不引起二次污染的土壤污染治理技术,在重金属污染土壤治理方面拥有广阔的发展前景。本次工作,针对矿区主要地质环境问题,依托植物修复技术,着眼提升矿区土壤环境质量和恢复地貌景观,筛选存活率高、As 超富集的原生优势种,对矿区生态修复进行探讨。

蜈蚣草是我国首次在国际报道的砷超富集植物,在砷污染土壤的修复和植物学研究中具有重要价值。蜈蚣草多生长于钙质土或石灰岩上,具有生长快、分布广的特点,在该矿区周边的石隙和坡地均有产出,属原生植物中优势种。本次工作在矿区分别采集蜈蚣草、高羊茅草、爬山虎(枯枝)、豚草 4 类常生植物,分析测试不同植物种类主要重金属元素含量,测试结果见表 7-17。

表 7-17 矿区植物样重金属含量特征(μg/g)

样品类型	As	Cd	Pb
蜈蚣草	344	0.291	3.63
高羊茅草	0.356	0.134	1.35
爬山虎	1.31	0.293	5.44
豚草	0.226	0.568	0.615

由表可见,蜈蚣草中的 As 含量高达 344μg/g,远高于其他类型的植物,其富集量已经超出土壤环境质量的管制值标准,再次证实蜈蚣草为本矿区 As 的超富集植物。超富集植物清除土壤污染的设想,即利用超富集植物从土壤中大量富集重金属,通过收割植物后从土壤中带走重金属,达到清除土壤污染的目的。与传统方法相比,这种技术具有投入成本低、工程量小、没有二次污染、能减少土壤侵蚀、美化景观、提高土壤有机质和培肥地力的优点,被称为"绿色修复技术"。

在矿区前期撒播松米 100kg,种植松树袋苗 8400 株,楠木 2150 株,高羊茅草种 500kg 及爬山虎 2000 棵等复绿效果不明显的情况下,下一步建议改种蜈蚣草进行地貌景观复绿,恢复矿区地貌景观。在蜈蚣草的生长复绿下,有效减少水土流失,控制高砷矿石碎屑随地表径流迁移扩散,并通过刈割多茬蜈蚣草从土壤中带走重金属,实现矿区土壤 As 含量降低,景观复绿,最终提升矿区土壤环境质量,恢复绿水青山的地貌景观。

第三节 天然富硒土地资源调查应用

富硒土地是重要自然资源,保护和开发利用好富硒土地资源对于乡村振兴具有重要意义。近年来,在乡村振兴战略引领下,国务院相关部委大力支持各地发展富硒优势特色产业,发掘天然富硒土地资源、发展富硒产业成为推进乡村振兴和加快农业农村现代化的重要抓手。

天然富硒土地是指含有丰富天然硒元素,且有害重金属元素含量小于农用地土壤污染风险筛选值要求,或重金属元素含量小于农用地土壤污染风险管制值要求,且农产品中重金属元素不超过食品污染物限量的土地。本次工作,不同于以往土地质量地球化学评价的调查模式,结合地方需求,选择韶关市龙归镇作为研究对象,探索提出天然富硒土地资源的新路径。在基于生态地质调查成图母质单元划分的基础上,精确识别富硒土壤分布区,达到降低富硒土地资源调查成本,提升调查效率的效果。

一、工作区选择依据

按照生态地质调查成土母质单元划分方法,统计韶关地区各成土母质单元表层土壤中的Se含量。结果表明,不同成土母质单元表层土壤Se元素含量差异较明显(表7-18),以砂页岩类母质土壤Se元素平均含量最高,其次为碳酸盐岩类母质土壤,第四纪沉积物母质土壤硒元素平均含量最低。因此,在圈定天然富硒土地调查范围时,砂页岩类和碳酸盐岩类是重要的成土母质单元。

表 7-18 韶关地区土壤 Se 元素及相应指标地球化学参数

成土母质	样本数(个)	算术平均值(mg/kg)	变异系数	几何平均值(mg/kg)	浓度概率分布类型
碳酸盐岩	404	0.44	37.13	0.40	偏态
砂页岩	594	0.48	49.95	0.43	对数正态
花岗岩	1426	0.33	42.52	0.31	偏态
第四纪沉积物	634	0.29	33.13	0.28	对数正态
酸性火山喷出岩	40	0.41	51.56	0.37	偏态

根据以上统计和研究结果,以砂页岩类和碳酸盐岩类分布区为调查重点,结合当地主要农业地和农业产业布局,初步圈定了龙归镇的天然富硒土地调查范围,开展天然富硒土地划定调查(图7-20)。

二、富硒土地划定流程

(一)资料收集

收集的资料包括:土地质量地球化学调查数据和报告;土地利用调查成果和图斑数据库;农产品种植结构资料,农产品硒、重金属含量数据;地形地貌、气候特征及成土母质等资料。

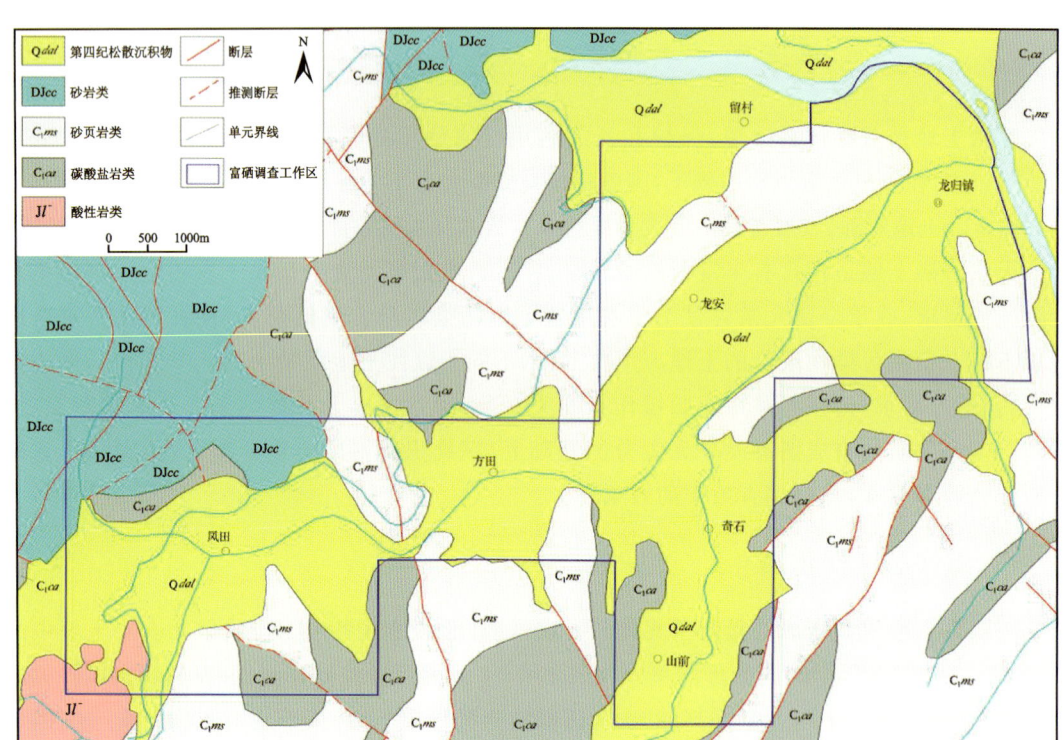

图 7-20　韶关市龙归镇区域成土母质分布图

（二）方案编制

在资料收集的基础上，编制划定方案。划定方案包括数据来源，划定方法，划定范围、面积、位置等相关内容。

（三）划定步骤

(1) 依据划定方案及划定方法，在土地利用图斑上，划分出一般富硒土地、绿色富硒土地，形成富硒土地分布图。

(2) 按土地利用类型统计一般富硒土地、绿色富硒土地面积和所占比例，形成富硒地块的富硒土地统计表。

(3) 编制天然富硒土地划定成果报告。

（四）成果验收与报备

富硒土地划定成果报告由广东省科协天然富硒土地资源科技成果转化联合体组织评审验收和认定。报送备案的材料包括天然富硒土地划定成果报告、富硒土地分布图、富硒土地统计表、土壤样品各指标含量值、农产品样品各元素含量值。

三、富硒土地划定方法

(一)底图数据

天然富硒土地划定所用的底图应为最新的土地利用调查成果和图斑数据。

(二)划定方法

(1)以土地质量地球化学调查数据为基础,叠加最新土地利用现状调查成果,运用富硒土地的分类指标(表7-19),进行富硒土地划定。

(2)有调查数据的图斑,直接用调查数据进行图斑赋值;无调查数据的图斑,参照《土地质量地球化学评价规范》(DZ/T 0295—2016)进行插值与赋值。

表7-19 富硒土地类型划分指标

类型	土壤类型	pH值	土壤硒标准阈值(mg/kg)	条件
富硒土地 绿色富硒土地	中酸性土壤	pH≤7.5	≥0.40	镉、汞、砷、铅和铬重金属元素含量符合《土壤环境质量 农用地土壤污染风险管控标准(试行)》(GB 15618—2018)标准。农田灌溉水水质和土壤肥力同时满足《绿色食品 产地环境质量》(NY/T 391—2013)要求
	碱性土壤	pH>7.5	≥0.30	
一般富硒土地	中酸性土壤	pH≤7.5	≥0.40	镉、汞、砷、铅和铬重金属元素含量符合《土壤环境质量 农用地土壤污染风险管控标准(试行)》(GB 15618—2018)标准
	碱性土壤	pH>7.5	≥0.30	

(三)划定要求

(1)富硒土地划定的最小工作比例尺应大于(含)1:50 000,本次工作土壤样采样密度为9个点/km^2,满足划定要求。

(2)以最新的土地利用图斑数据或边界,确定富硒土地的边界范围。

(3)当单一土地利用图斑中有1个数据时,该数据作为该土地利用图斑划分富硒土地类型的依据。

(4)当单一土地利用图斑内有2个以上的实测数据时,用实测数据的平均值作为划分富硒土地类型的依据。

(5)当单一土地利用图斑中没有调查数据时,用插值法获得每个土地利用图斑的富硒土地分类数据,作为划分富硒土地类型的依据。

四、天然富硒土地划定

根据划定方法,一般富硒土地类型土壤中Cd、Hg、As、Pb和Cr重金属元素含量需符合《土壤环境质量 农用地土壤污染风险管控标准(试行)》(GB 15618—2018),且土壤硒含量需满足划定要求。因此,需要对天然富硒土地调查区土壤重金属环境质量及富硒土壤开展评价工作,再综合二者结果获得一般富硒土地分布范围界线。具体如下。

(一)土壤重金属环境质量评价

按照前文第四章土壤环境质量评价方法,对天壤富硒土地调查区土壤As、Cd、Cr、Bp、Hg共5项重金属元素进行土壤环境质量等级划分(表7-20,图7-21)。综合评价结果显示,调查区内土壤环境质量总体良好,满足一般富硒土地(优先保护类)的面积约为27 000亩(18.04km²),占富硒调查面积的47.72%。

表7-20 调查区土壤环境质量分级统计表

指标	优先保护类土壤		安全利用类土壤		严格管控类土壤	
	面积(km²)	比例(%)	面积(km²)	比例(%)	面积(km²)	比例(%)
As	32.12	84.97	5.66	15.01	0.00	0.00
Cd	24.02	63.54	13.63	36.06	0.15	0.40
Cr	37.67	99.64	0.13	0.36	0.00	0.00
Hg	36.88	97.55	0.92	2.45	0.00	0.00
Pb	35.75	94.57	2.05	5.43	0.00	0.00
综合评价	18.04	47.72	19.6	51.85	0.15	0.40

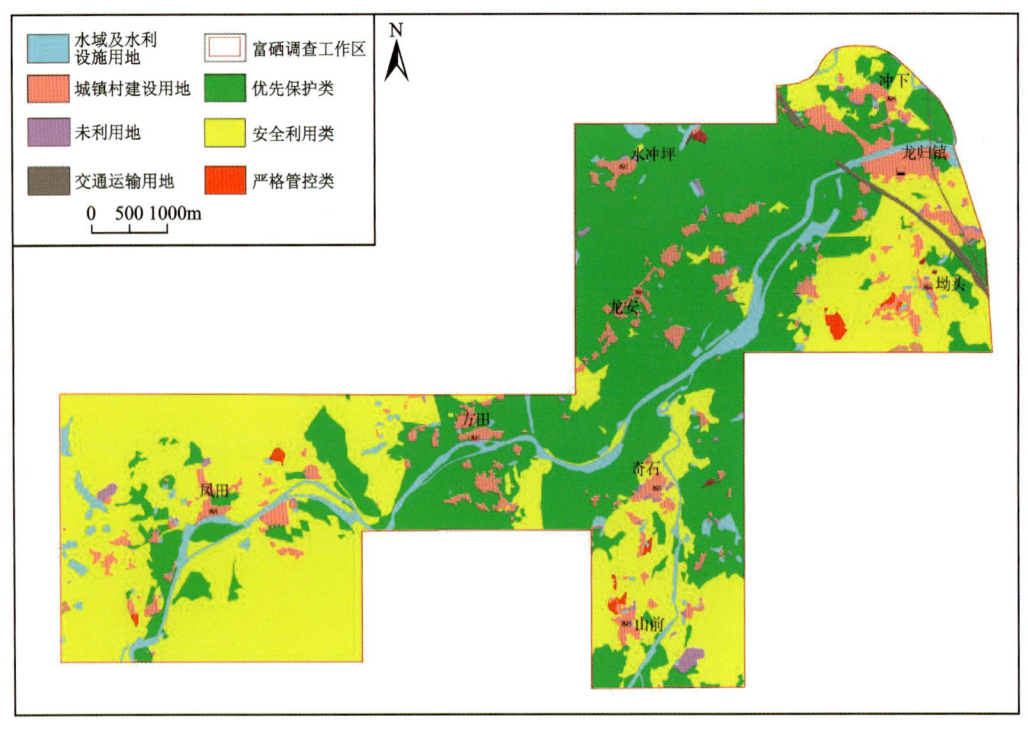

图7-21 天然富硒土地调查区土壤环境质量综合等级图

(二)土壤富硒评价

根据划定标准,满足"pH≤7.5,Se≥0.40 或者 pH>7.5,Se≥0.30"为富硒土壤,以最新土地利用现状图为底图,运用插值方法得到每个土地利用图斑的硒元素含量值,再按照标准进行评价,结果显示(图7-22),本次富硒调查区富硒土壤面积约为 36 600 亩(24.4km²),占调查区面积 64.6%。

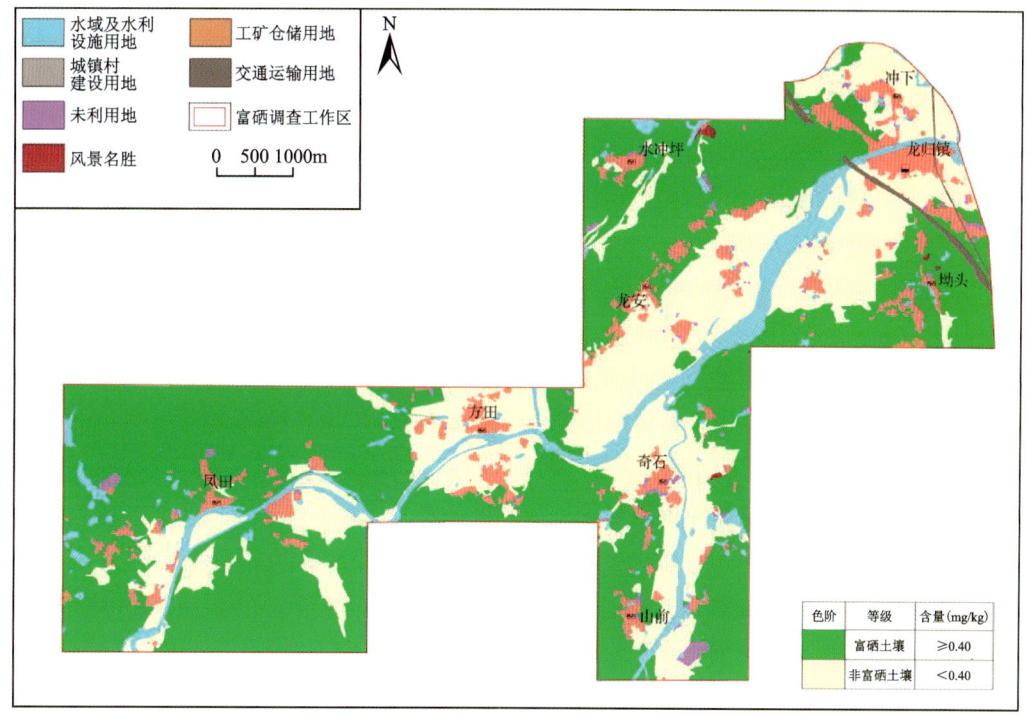

图 7-22　天然富硒土地调查区土壤 Se 元素含量评价图

(三)富硒土地范围

根据划定要求,综合土壤环境质量等级和富硒土壤评价结果,调查区内同时满足条件的面积为 14 000 亩(9.34km²),占调查区面积 24.6%,主要集中分布在龙安、水冲坪一带(图7-23)。

五、龙归镇安村坳省级天然富硒地块

(一)安村坳天然富硒地块

根据调查区富硒土地分布,综合土地是否集中连片、是否适合规模化开发绿色农产品和地方政府国土空间规划等因素,选择了安村坳富硒地块申报省级认证富硒地块(图7-24)。

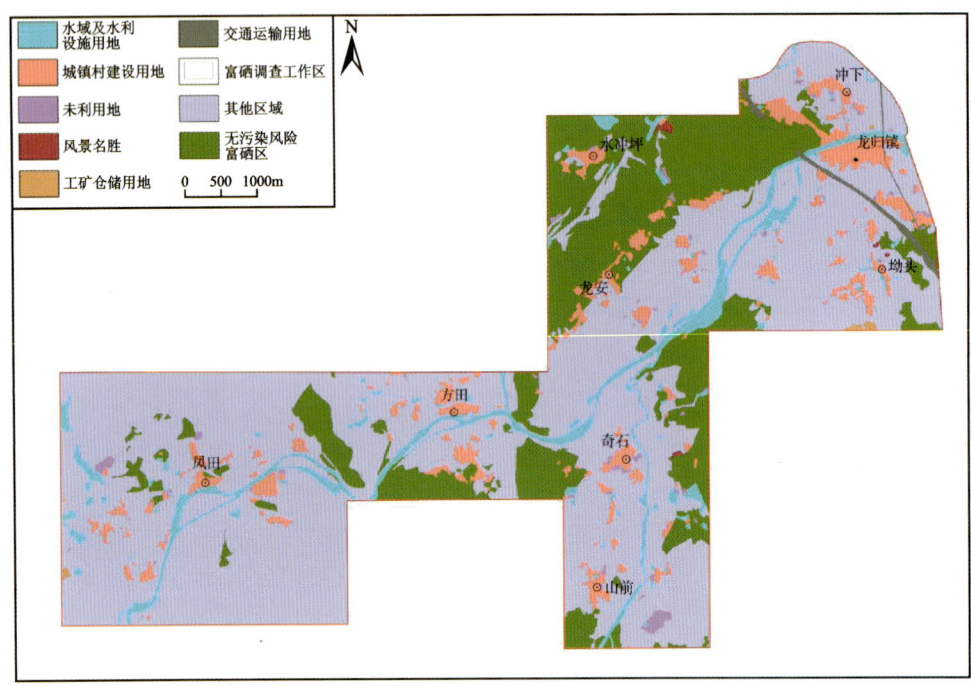

图 7-23 天然富硒土地调查区富硒土地分布图

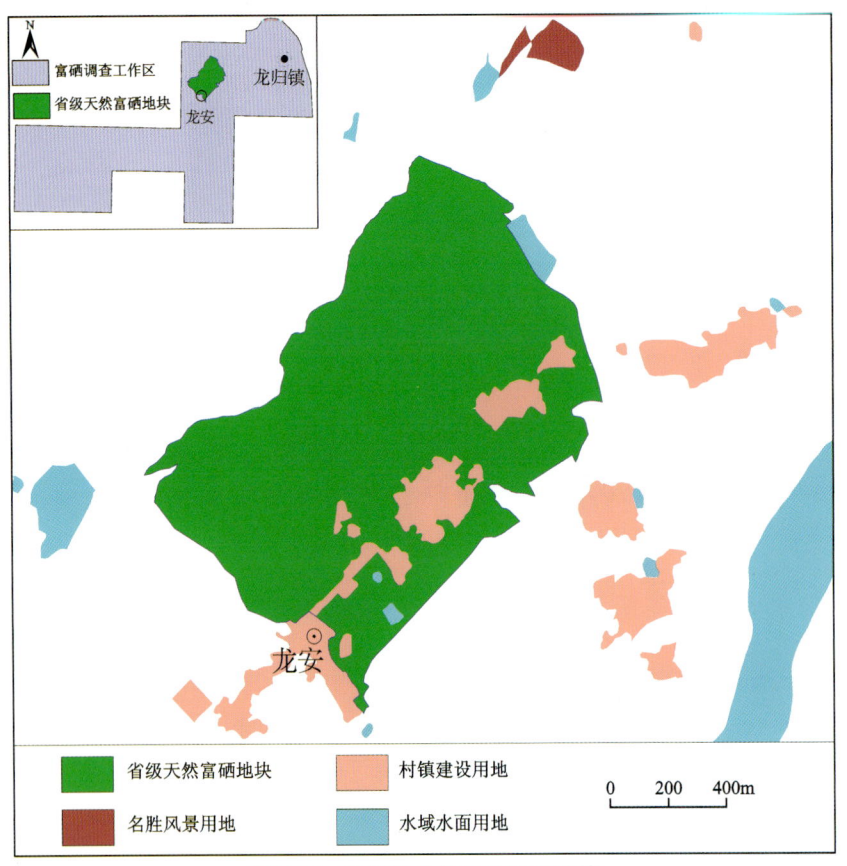

图 7-24 安村坳省级天然富硒地块

1. 地理位置

该地块总面积为 1895 亩,土地利用现状为水田、果园及林地,主要种植水稻、柑橘,少量种植黄豆、花生、玉米等农作物。地块行政位置属广东省韶关市龙归镇龙安和水冲坪村,地理位置拐点坐标(国家 2000 坐标系):① X:38440306.89,Y:2734034.54;② X:38442034.98,Y:2735710.83;③ X:38441415.18,Y:2736529.91;④ X:38441001.05,Y:2736849.23;⑤ X:38440241.51,Y:2736548.99。

2. 土壤地球化学特征

安村坳地块范围内共采集了 14 件表层土壤样品,平均含量 0.68mg/kg,pH 值总体呈酸性。重金属元素 Cd、Hg、As、Pb 和 Cr 含量均小于《土壤环境质量 农用地土壤污染风险管控标准(试行)》(GB 15618—2018)筛选值,符合一般富硒土地划定要求(表 7-21)。

表 7-21 安村坳地块土壤各指标含量特征值

元素/指标	Cr	As	Cd	Hg	Pb	Se	pH 值
平均值	70.8	17.7	0.190	0.149	27.8	0.68	4.74
最大值	118.0	38.1	0.300	0.210	48.7	1.55	5.58

单位:pH 值无量纲,元素含量单位为 mg/kg。

3. 农作物生态效应

安村坳地块范围内采集了 3 件稻谷样品,硒含量分别为 0.068mg/kg、0.052mg/kg 及 0.056mg/kg。稻谷样均大于《富硒稻谷》(GB/T 22499—2008)标准中规定的 0.04mg/kg 的要求。稻谷中重金属元素含量见表 7-22,所有指标均低于《食品安全国家标准 食品中污染物限量》(GB 2762—2022)中重金属限量要求。

表 7-22 安村坳地块农作物元素含量值(mg/kg)

名称	样品编号	As	Se	Hg	Cr	Cd	Zn	Pb
稻谷	LG023Z	0.084	0.068	0.002 2	0.146	0.164	15.6	0.063
稻谷	LG26Z	0.147	0.052	0.005 5	0.324	0.123	12.7	0.125
稻谷	LG28Z	0.12	0.056	0.005	0.227	0.123	13.1	0.079

(二)省级天然富硒地块认定结果

2023 年 3 月 15 日,广东省韶关市武江区人民政府作为推荐单位,武江区龙归镇人民政府作为申报单位,广东省地质调查院作为技术支撑单位,龙归镇安村坳地块通过了广东省天然富硒联合体组织的审查和专家论证,获得了广东省首批天然富硒土地认定。申报一般富硒土地面积 1895 亩,硒平均含量 0.87mg/kg。目前,经过地方推荐,单位申报,龙归镇共有 7 家企业或合作社加入联合体,成为联合体正式成员单位,并给予授牌。

六、安村坳富硒地块产业规划建议

开展天然富硒土地认定,能够助力龙归镇天然富硒土地资源开发利用,推动富硒产业发展,促进地方乡村振兴和农业经济发展。结合龙归镇国土空间规划、安村坳富硒地块种植情况、地形地貌条件及富硒土地资源分布,建议发展富硒现代农业综合体(图 7-25),初步规划如下。

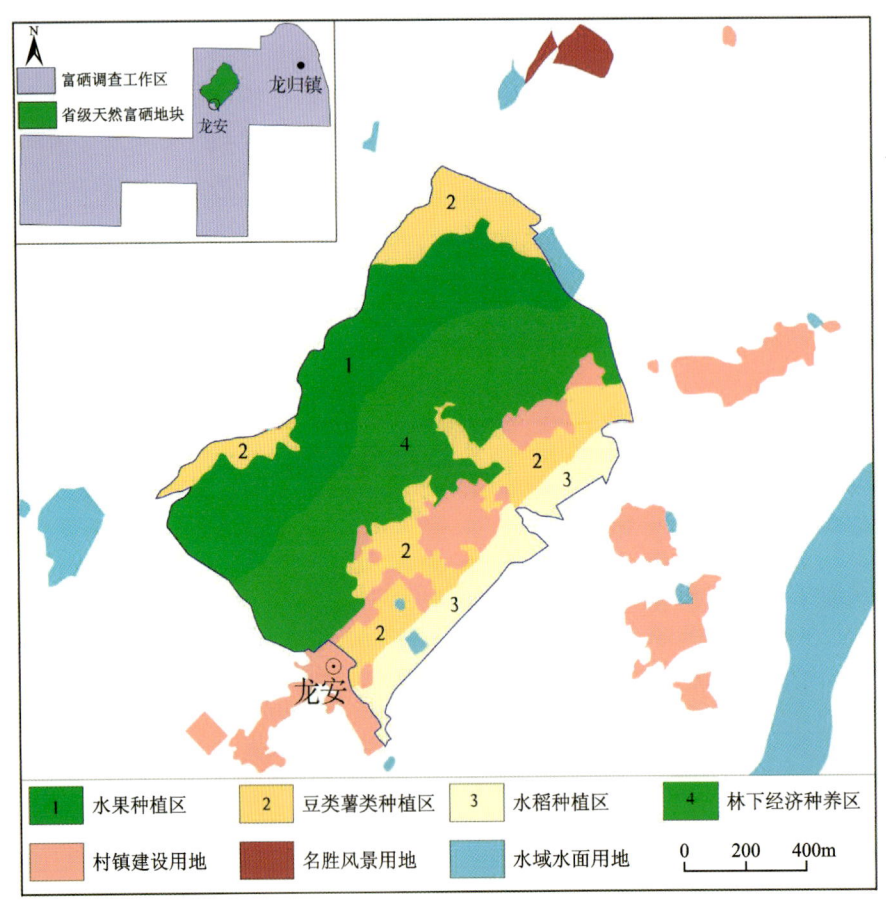

图 7-25 安村坳富硒地块富硒农业初步规划图

(1)水果种植区:位于水冲坪村南侧的丘陵,面积约 517 亩,该区域以坡地为主,目前主要种植柑橘及桑葚等水果,部分坡地未利用,建议调整种植结构,尝试规模化发展名优水果的种植。

(2)豆类薯类种植区:位于水冲坪村及龙安村周边的旱地,面积约 120 亩,目前种植有花生、番薯、大豆,建议该区域优化种植黄豆、花生等豆类农产品,努力建设为富硒黄豆种植基地。

(3)水稻种植区:位于龙安村南侧水田,面积约 315 亩,目前主要种植有水稻,有少量丢荒。该区域不仅硒含量较高,且重金属元素含量较低,建议整合土地,提高土地利用率,发展建设绿色富硒优质水稻种植基地。

(4)林下经济种养区:位于龙安村北侧丘陵山坡,土地利用为林地类型,面积约930亩,该区域可尝试发展富硒林下经济,发展林菌模式和林药模式。林地内通风、凉爽,为食用菌生长提供了适宜的环境条件,可种植的食用菌品种有平菇、鸡腿菇、黑木耳等;林药模式可种植些经济价值较高、商品性状较好的药材,如林芝、板蓝根、黄芪等。

第八章 国土空间用途管制及生态保护修复建议

第一节 国土空间用途管制建议

国土空间规划是一个区域空间发展的指南、可持续发展的空间蓝图，也是各类开发保护建设活动的基本依据。调查区位于乳源瑶族自治县境内，在生态地质调查与脆弱性评价的基础上，提出乳源县国土空间用途管制建议，以期为乳源县自然资源国土空间规划、用途管制和耕地保护以及现代农业生产提供参考依据，助力"百县千镇万村高质量发展工程"实施。对乳源地区国土空间利用建议如下。

一、农业空间利用建议

构建农业主产区和一般农业区结合的高标准农田空间体系。

建议将乳城镇—一六镇—游溪镇—桂头镇一带丘陵平原地区作为农业主产区，打造粮食生产功能区，提高群众思想认识、改善农田水利设施条件，进一步突出这一区域在全县粮食生产的核心地位。保障耕地规模，加大土地整理实施力度，建设智慧农业监测平台，建设建成高标准农田。开展河谷平原农用地综合整治和盆周山地区生态农田整治，尤其建议开展农产品核心产区永久基本农田整治，加强局部污染耕地休耕修复，加强粮油主产区高标准农田建设，以保障粮食安全为目标，严格保护耕地和基本农田，由重数量保护向数量、质量和绿色生态全面管护转变。提高农业空间综合效能，建设现代农业产业基地，提高粮油产量，以保障全县粮食安全，促进农民增收。

对于县域其余乡镇的农业生产空间，作为一般农业生产空间开展规划。根据各个乡镇的农业资源禀赋，精准定位，划定不同的农业功能，发展特色农业，打造农作物试验种植点、建立示范农田，形成各有特点的特色农产品优势区。如大桥、大布、洛阳等乡镇，可以发展油茶、红薯、黄豆、竹笋、蔬菜等特色种植产业，助推乡村振兴。

二、城镇发展空间利用建议

对于城镇发展空间，建议统筹区域、城乡土地利用，兼顾经济、社会和生态发展用地需求，合理安排各类用地，缩减城乡差距，协调行业矛盾，均衡区际利益，同步促进中心城镇（乳城镇）和小城镇（桂头等）协调发展，全面提升县域城镇化质量。同时，建议充分考虑经济社会发展的阶段和趋势，基于整体发展定位及区域差异，提出分区土地利用模式与政策，全面落实分

第八章 国土空间用途管制及生态保护修复建议

区引导和差别化管制措施,形成中心城区＋重点城镇＋一般城镇＋美丽乡村的城镇发展模式。

（一）地区中心城镇建设空间

在主城区乳城镇的建设过程中,加强人口与产业集聚功能,完善公共服务设施体系,科学配置空间资源,将乳城镇建设成为县域政治、经济、文化中心,形成县域综合发展的核心。在推进城市化过程中,要加强南水河水质保护,严格保护土地资源,转变土地利用方式,盘活存量建设用地,提高土地集约利用水平和效益,建设资源节约型社会,塑造富有地域特色和人文魅力的总体风貌,打造青山绿水的秀美城市。

（二）重点城镇建设空间

将一六镇和桂头镇作为县城以外的重点建设城镇,充分发挥一六镇的区位优势,打造乳城——六一体化城镇空间建设体系。以丹霞机场为中心,将桂头镇建设成为兼具综合服务、产业发展、创新服务为一体的经济增长极,承接主城区外溢服务功能,以减轻中心城区的承载压力。

（三）小城镇建设空间

优化城镇空间景观,打造宜居花园城镇,应注重维护舒适宁静的小城镇尺度和特色风貌。弘扬地域民族文化特色,按照一镇一格、一镇一特色的要求,保护和延续城镇小尺度街巷肌理,合理控制建筑高度,形成"小而美"的空间格局。

（四）乡村建设空间

塑造美丽宜居乡村,提升乡村居民点风貌特色,完善乡村设施配套。突出乡村生态型绿化和生产性景观营造,保护历史文化名村、传统村落、古民居和古树名木,提升农房建设水平;突出不同区域民居的乡土特色和地域特点,强化少数民族建筑风貌特色;优化居民点交通组织,因地制宜确定乡村生活垃圾处理模式,合理布局乡村生活污水处理设施,提升用水用电保障水平;因地制宜开展农村建设用地整治,塑造高品质城乡人居环境。

鉴于乳源地区城镇发展空间与粮食生产功能区在空间上重叠度较高,在城镇建设的同时要处理好与农业发展空间之间的矛盾,尽可能盘活闲置土地资源,严守耕地红线。建设生态绿色、观光休闲的都市型农业,城乡边界模糊地区为人们提供优良农副产品和优美生态环境的高集约化、多功能的农业,为人们休闲旅游、体验农业、了解农村提供场所。

三、交通基础设施空间利用建议

发挥好区位优势,依托境内的铁路、高速公路、丹霞机场的基础设施,充当北接广东外省、南通粤港澳大湾区的桥梁。抓住丹霞机场综合开发机遇,加快推进丹霞机场及空港物流园的建设,融入全国通用航通体系。加快推进北江航道扩能升级上延工程,整合航道泊位,打造专业运输港区。推动陆路交通网络化建设,进一步优化城镇体系网络化交通结构。打造以县城

为中心的地区级综合交通枢纽,有机融合水运、陆运、空运,实现与珠三角、韶关的便利互联互通,有效融入广东经济社会发展的大格局。

四、自然与历史文化遗产保护空间利用建议

自然与历史文化遗产保护区是人类社会共有的瑰宝,其空间主要为以自然与历史文化遗产保护与开发利用为主的区域,包括核心区与缓冲区。加强瑶族特色文化保护与传承,加强民族文化的挖掘整理,推动民族传统文化与旅游产业的融合发展,充分发挥民族文化、音乐、歌舞等艺术门类优势,把瑶族优秀的历史文化、民族文化、原生态文化资源转化成为民族文化精品品牌。大力提升必背瑶寨的知名度,优化旅游基础设施,打造必背瑶寨精品旅游景区。建议在区内非农建设以不破坏自然与历史文化遗产为前提,适当安排风景旅游设施用地,鼓励风景旅游资源的合理开发与利用,同时努力提高生物多样性,注重自然、人文环境相互协调、和谐发展。

五、林业发展空间利用建议

乳源地区的森林生态系统,尤其是常绿针、阔叶林生态系统为乳源地区维持生态系统的稳定性和保持良好的生态环境奠定了基础。如瑶山、大东山(天井山国家森林公园)等区内主要林区,尤其瑶山和大东山的林区,对于南水水源涵养、水土保持都具有重要的生态功能,是区内最为重要的生态系统,有着举足轻重的作用。

建议将瑶山、大东山规划为乳源县主要林业发展空间,对于这些林业发展空间的利用,建议以保护为主,开展大保护、不搞大开发,在局部地区可以适当发展生态林业产业。林区内土地主要用于林业生产,以及直接为林业生产和生态建设服务的营林设施,建议林区内现有非农建设用地应当按其适宜性逐步调整为林地或其他农用地,林区内的耕地因生态建设和环境保护需要可转为林地,同时建议严格禁止占用林区内土地进行毁林开垦、采石、挖沙、取土等活动。

第二节 生态保护修复建议

调查区位于拟建南岭国家公园生态保护区内,是广东重要的生态屏障区。随着"绿水青山就是金山银山"理念的不断深入,区域发展、资源开发与生态保护之间的相互作用影响关系日趋紧密。在发展经济的同时,需要注意保护重要生态功能区、重要生态系统,维持生态系统的稳定和提升生态环境质量,对于实现生态环境与社会经济发展的和谐共生具有重要意义。本次工作,在生态地质调查和生态地质脆弱性评价的基础上进行综合研究,提出乳源地区生态保护和修复建议。

一、加强全社会生态保护意识

牢固树立和践行绿水青山就是金山银山理念,坚定不移走生态优先、绿色发展之路。通过宣传教育鼓励全社会参与生态环境保护工作,促进企业尤其是矿山企业履行环境保护责

第八章 国土空间用途管制及生态保护修复建议

任,加强环境信息公开和舆论监督,形成政府、社会、企业相互合作、共同行动的生态环境保护新格局。同时促进经济社会发展全面绿色转型,引导区域发展生态农业、特色生态旅游业等,建设环境友好型社会,实现人与自然和谐共处。

二、加强生态环境分区管控

建议立足于乳源地区自然资源禀赋和生态环境特点,充分衔接国土空间规划,统筹生产、生活、生态空间布局,全面建成生态环境分区管控体系。划分生态保护红线,根据生态环境保护优先级别,划分管控单元。实施生态环境保护精细化、差异化管理,严格落实生态环境分区管控要求,管控单元核心区禁止人为活动,其他区域严格禁止开发性、生产性建设活动,提升生态系统质量和稳定性。

建立生态空间管控区域信息系统,做好与国家生态保护红线监管平台技术衔接,逐步建立完善生态系统和珍稀、濒危物种分布数据库,丰富生态状况监测数据体系,拓展生态状况监测领域,统一发布山水林田湖草湿生态系统状况,服务生态环境监管。建设和完善生态保护红线综合监测网络体系,完善覆盖重点生态功能区林业观测站网,加强气候变化对林业影响的监测评估,尤其是加强极端干旱气候对森林火灾的影响与评估。定期开展生态保护红线评价和绩效考核,落实生态保护红线评估机制,及时掌握全县生态保护红线生态功能状况及动态变化趋势。

三、筑牢生态安全屏障

乳源地区是南方丘陵山地带的重要生态安全屏障,其生态功能对于维持区域生态系统的稳定、提升生态环境质量、保护生物多样性以及涵养区域水源有着重要的意义。

(一)筑牢北江上游生态屏障

整合全县现有的各级自然保护区、风景名胜区、森林公园等各类自然保护地,增强生态系统服务功能。围绕自然保护地、水源涵养区,加强瑶山、东山、大东山等森林及生物多样性重点生态功能保护区建设,加强南水湖及其周边流域水质监测,加强大桥镇水土保持生态功能区保护修复。

(二)构建区域林业生态圈

全面推行林长制,落实各级党政领导干部保护发展森林资源目标责任,构建党政同责、部门协同、源头管理、全域覆盖的长效机制。实施林业碳汇工程、生态景观林带、森林进城围城、乡村绿化美化等重点生态工程,推进林分改造,全面提升山地绿色生态屏障功能。完善天然林保护制度,深入推进天然林资源保护工程,通过林学措施对低产劣质的林分进行改造,以提高林分质量、生态系统的稳定性和经济价值。大力实施天然林系统保护,实现天然林管护全覆盖,加强国有林和集体公益林管护。加快实施绿化成果巩固等行动,构建自然保护区、风景名胜区、森林、江河、湿地等典型生态系统。加强古树名木保护,严禁移植天然大树进城。落实保护森林资源任期目标责任制,建立森林面积、森林蓄积"双增长"监测体系。增强生态系统适应性管理水平,加强森林火险预警平台和监测站建设,进一步防治森林火灾、病虫害。增强生态系统稳定性,通过科学规划树种组合,构建多层次的混交复层林,增加生物多样性,提高森林的抵抗力和恢复能力。

（三）加强生物多样性保护

加强自然保护地保护,优化自然保护地空间布局,整合现有各类自然保护地,实行自然保护地统一管理、分区管控,自然保护地内探矿采矿、水电开发、工业建设等项目应有序退出。推进自然保护地勘界立标,做好与生态保护红线的衔接。强化自然保护地监督管理,实施"绿盾"自然保护地监督检查专项行动,对自然保护地突出生态环境问题进行整改和生态修复。加快形成森林、湖泊（水库）、湿地等多种形态有机融合的自然保护地体系。

开展野生动植物保护与自然保护区建设、自然遗产地保护与建设、极小植物种群与极度濒危动物物种拯救、水生生物资源养护与濒危物种救护、生物多样性保护等工程建设。完善野生动物栖息地巡护监测和疫源疫病监测预警体系,加强生物多样性资源本底调查和评估,开展珍稀濒危物种拯救性保护,加强南岭基因、物种、典型生态系统和景观的保护力度,协同构建南岭生物多样性生态功能区。推进濒危动物栖息地、基因交流走廊带保护修复和野化放归基地建设。大力发展使用乡土树种及乡土植物,加强就地保护,开展有计划的乡土树种保护工作,充分发挥保护区功能,划定禁伐区,提高保护管理的科学化水平。

（四）加强生物安全和入侵生物防治

建立科学有效的外来物种防治措施、协调管理和应急机制,开展外来入侵物种对生物多样性和生态环境的影响研究。开展入侵生物现状调查和定期定点监测,及时掌握入侵生物发展危害及控制状况,研究相应的防治技术方法、措施,控制局部区域的入侵生物发展危害,防止在开放水域养殖、投放增殖外来物种或者其他非本地物种种质资源,维护区域生态安全和生物安全。

（五）实施生态敏感区生态保护与恢复工程

进一步强化县域内岩溶地区石漠化综合整治。实施生态综合治理和生态修复工程,修复被火灾和病虫害破坏的森林,加强大桥镇、大布镇等岩溶地区石漠化综合整治,以土地整理和特色经济林产业发展为重点,采取封山育林育草、低效林改造等措施,积极发展油茶等生态经济型产业。积极推进崩塌、滑坡、泥石流等地质灾害综合防治,科学规划资源开发与工程建设,组织实施生态修复工程。开展坡耕地水土流失综合治理、小流域水土流失综合治理、地质灾害综合治理,加强区域水土流失综合防治。探索建设自然生态修复试验区,试点生态敏感区生态搬迁,推进生态保护红线、水土流失重点预防区、生态屏障区等重要生态功能区人口退出。

四、石漠化区生态保护与修复建议

（一）石漠化治理概述

乳源是广东石漠化集中分布区。石漠化是岩溶石山区实现乡村振兴和可持续发展的主要障碍，石漠化防治是实施可持续发展战略的重要组成部分。石漠化不是纯自然过程，而是自然、人类活动综合作用的产物，是在自然演化的基础上，叠加后期人类不合理的活动引起或加剧环境恶化、土地退化的过程。让退化的土地完全靠自然恢复的思路已不切实际，必须通过投入对退化土地进行生态重建。因此石漠化治理需要科学防治、多措并举、综合防治，在石漠化治理过程中还需要注意以下几点：

(1)继续实施小流域水土综合治理，提高水资源的有效利用率。

(2)优化土地利用结构，减轻生态环境承载压力，提高土地的产出率，发展多元化经济，调整农业经济结构，培育优势产业，发展特色农业和立体生态种植养殖模式。根据石漠化地区的土质、海拔、温差等生态条件，安排相应的生物种群和发展项目，因地施策，宜农则农、宜林则林、宜牧则牧，多种生物多种产业综合发展，保护与合理利用土地资源。

(3)继续实施退耕还林还草、封山育林、植树造林，保护植被资源，提高植被覆盖率，减缓土壤侵蚀，防止水土流失。

(4)实行跟踪监测，为科学决策提供依据。建立健全各级石漠化监测机构，落实监测队伍，配备监测设施设备，提高监测工作的组织保障能力；建立基于"3S"技术的石漠化信息管理系统；建立并完善石漠化工程效益监测评价体系，对工程建设进展及成效作出客观评价，为工程建设与各级政府目标责任考核提供基础数据。

(二)具体建议

石漠化主要发育发生在碳酸盐岩出露地区，鉴于乳源地区整体石漠化问题轻微，但严重区高度集中的情况，建议将石漠化高度集中区——大桥镇行政区划所属地区作为石漠化重点防治区，县内其他碳酸盐岩出露区域作为一般防治区。

1. 重点防治区

对于重点防治区大桥镇，建议采取如下防治措施：

(1)大桥镇碳酸盐岩地层比较发育，区域内尚有近 $30 km^2$ 的石漠化土地，石漠化本身是一种土地退化现象，水土流失是石漠化的重要表现，石漠化是土壤侵蚀殆尽后的结果。因此，建议编制水土流失防治规划，统筹考虑石漠化，将石漠化治理与水土流失防治统筹考虑，统一规划、统一治理。

(2)水土流失造成石漠化的重要原因之一，优化土地利用结构是石漠化治理的一个重要途径。建议在坡度大于 $25°$ 的地带进一步严控伐木、放牧、坡面开挖等活动，坡耕地应退耕还林还草或实施坡改梯工程，继续加强天然林保护工程和退耕还林(草)工程建设。大桥镇较多岩溶石山区地表植被为草地(优势种主要为茅草)，建议根据实际条件因地制宜进行治理，宜林草地加强植树造林，加速促使其向林地转化，不宜林的草地则进行自然封育。对于石漠化严重区域，如若地表土壤已侵蚀殆尽或基岩裸露的地区可以选择种植耐瘠的草本植物，长期、逐渐地改善土质，为后续侵蚀治理奠定基础。

(3)建议在大桥镇加强生态环境监测和保护力度，持续开展石漠化监测工作，以遥感监测与专业监测结合的方式进行，重点监测石漠化、水土流失治理效果，遏制边治理、边破坏的情况发生,加大水土保持监督力度。

2. 一般防治区

将县区内其他碳酸盐岩发育区域作为一般防治区,这些区域一般林草植被覆盖率高,水土流失较轻微,建议持续开展水土流失监测,大部分区域可以定期开展水土流失遥感监测,而对于南水水库及其主要入湖河流,则建议开展流域水土流失专业监测工作。

此外,建议在全县加强石漠化防治知识的宣传教育,提高群众防治意识,构建全民参与的石漠化防治体系。

五、矿山生态保护与修复建议

（一）矿山生态保护与修复概述

矿山生态修复是指依靠自然力量或通过人工措施干预,对因矿产资源开采活动造成的地质安全隐患、土地损毁和植被破坏等矿山生态问题进行修复,使矿山地质环境达到稳定、损毁土地得到复垦利用、生态系统功能得到恢复和改善。为了更详细了解乳源地区矿山环境地质问题,下一步建议选择乳源地区内不同成矿模式类型的历史遗留废弃矿山开展矿山地质环境问题和矿山生态环境问题调查。其中,矿山地质环境问题调查内容包括矿山地质灾害发育、地形地貌景观破坏、含水层破坏、土地资源破坏、地下水污染、地表水污染、土壤污染等情况;矿山生态环境问题调查内容包括生态系统结构改变、水土流失加剧、生态功能降低、生物多样性减少、生态产品产出降低、生态景观破碎、生态廊道断裂等情况。此外还应对已采取防治措施或已修复治理矿山的治理修复效果进行定期的调查和评估。在上述调查工作的基础上,对矿山地质环境影响进行评估分级,并编写典型矿山的生态修复方案,为全县矿山生态修复提供借鉴。

（二）具体建议

针对具体的矿山生态修复,应注意以下几点:

一是因地制宜,分类施策。矿山生态修复不仅取决于需修复矿山的破坏类型和破坏程度,还与所处地区的自然地理条件、土地开发适宜性、利用规划等因素有关,应综合考虑修复矿山周边生态系统,宜耕则耕,宜园则园,宜林则林,宜草则草,宜湿则湿,宜建则建。

二是要坚持节约优先、保护优先、自然恢复为主的生态文明建设方针。在资源上把节约放在首位,着力推进资源节约集约利用,提高资源利用率和生产率,降低单位产出资源消耗,杜绝资源浪费;在环境上把保护放在首位,加大环境保护力度,坚持预防为主、综合治理,以解决突出生态环境问题为重点,强化水、大气、土壤等污染防治,减少污染物排放,防范环境风险,明显改善环境质量;在生态上由人工建设为主转向自然恢复为主,加大生态保护和修复力度,保护和建设的重点由事后治理向事前保护转变、由人工建设为主向自然恢复为主转变,从源头上扭转矿山生态环境问题的发生发展。

三是应按照"保障安全、恢复生态、兼顾景观"的先后顺序。通过消除地灾隐患、治理环境污染等达到保障安全的目的;再通过复绿复耕等,提升生态系统的多样性和稳定性,促进生态平衡的恢复,达到恢复生态目的;有条件的地区,通过合理的景观设计,打造小微景观、修建矿山公园等,使修复后的场地不仅具有良好的生态环境,还能成为人们欣赏和休闲的好去处,实现生态、经济和社会的可持续发展。

四是坚持"谁破坏、谁治理""谁修复、谁受益"原则。资金问题已成为矿山生态修复的瓶颈,按照2019年12月17日自然资源部印发实行的《关于探索利用市场化方式推进矿山生态修复的意见》(自然资规〔2019〕6号)要求,通过政策激励,吸引各方投入,推行市场化运作、科学化治理的模式,加快推进矿山生态修复。

主要参考文献

陈同斌,张斌才,黄泽春,等,2005.超富集植物蜈蚣草在中国的地理分布及其生境特征[J].地理研究(6):825-833.

陈万辉,刘良云,张超,等,2005.基于遥感的土壤侵蚀快速监测方法[J].水土保持研究,12(6):8-10.

戴亮亮,罗敏玄,张涛,等,2021.基于主成分分析法的低山丘陵区土壤厚度快速评定方法与实践:以河南省罗山县为例[J].华南地质,37(4):377-386.

傅伯杰,陈利顶,马克明,1999.黄土丘陵区小流域土地利用变化对生态环境的影响[J].地理学报,54(3):241-245.

傅伯杰,张立伟,2014.土地利用变化与生态系统服务:概念、方法与进展[J].地理科学进展,33(4):441-446.

广东省地质局第三地质大队,2016.广东省乳源瑶族自治县地质灾害详细调查报告[R].韶关:广东省地质局第三地质大队.

黄金国,魏兴琥,李森,2011.粤北岩溶山区石漠化土地的植被退化及其恢复途径:以英德、阳山、乳源、连州4县(市)为例[J].西北林学院学报,26(1):22-26.

黄勇,欧阳渊,刘洪,等,2023.地质建造对土壤性质的制约及其生态环境效应:以西昌地区红壤为例[J].西北地质,56(4):1-17.

贾磊,刘洪,欧阳渊,等,2022.基于地质建造的南方山地-丘陵区地表基质填图单元划分方案:以珠三角新会—台山地区为例[J].西北地质,55(4):140-157.

来楷迪,李明琴,杨星宇,等,2009.贵州两江(长江与珠江)分水岭地带岩溶石漠化特征及其环境影响因子的初步研究:以安顺市西秀区宋旗镇为例[J].贵州大学学报(自然科学版),26(4):137-142.

李苗苗,吴炳方,颜长珍,等,2004.密云水库上游植被覆盖度的遥感估算[J].资源科学,26(4):153-159.

李婷婷,刘子宁,贾磊,等,2021.广东韶关地区土壤环境背景值及其影响因素[J].地质学刊,45(3):254-261.

刘超群,余顺超,扶卿华,等,2020.基于综合判别法的广东省水土流失状况遥感分析[J].中国水土保持(2):45-49.

刘洪,黄瀚霄,欧阳渊,等,2020.基于地质建造的土壤地质调查及应用前景分析:以大凉山区西昌市为例[J].沉积与特提斯地质,40(1):91-105.

刘纪远,刘明亮,庄大方,等,2002.中国近期土地利用变化的空间格局分析[J].中国科学D辑,32(12):1031-1043.

刘瑞,朱道林,2010.基于转移矩阵的土地利用变化信息挖掘方法探讨[J].资源科学,32(8):1544-1550.

刘朱婷,郭庆荣,刘花,等,2019.基于Landsat影像的广东省重点生态功能区生态功能状况及其变化评价[J].生态科学,38(5):119-126.

刘子宁,李樋,莫滨,等,2024.广东乳源典型富硒区土壤硒元素地球化学特征及其影响因素探讨[J].沉积与特提斯地质,44(1):185-193.

鲁春阳,齐磊刚,桑超杰,2007.土地利用变化的数学模型解析[J].资源开发与市场,23(1):25-27.

欧阳渊,张景华,刘洪,等,2021.基于地质建造的西南山区成土母质分类方案:以大凉山区为例[J].中国地质调查,8(6):50-62.

阮伏水,周伏建,聂碧娟,等,1995.花岗岩风化壳抗侵蚀特征研究:Ⅰ花岗岩风化壳物理特征[J].福建水土保持(4):37-42.

孙儒泳,2002.芸芸众生皆平等:漫谈生物多样性[J].科学中国人(3):28-30.

覃小群,蒋忠诚,张连凯,等,2015.珠江流域碳酸盐岩与硅酸盐岩风化对大气CO_2汇的效应[J].地质通报,34(9):1749-1757.

谭炳香,李增元,王彦辉,等,2005.基于遥感数据的流域土壤侵蚀强度快速估测方法[J].遥感技术与应用,20(2):215-220.

汤小华,2005.福建省生态功能区划研究[D].福州:福建师范大学.

田海芬,刘华民,王炜,等,2014.大青山山地植物区系及生物多样性研究[J].干旱区资源与环境,28(8):172-177.

万力,曹文炳,胡伏生,等,2005.生态水文学与生态水文地质学[J].地质通报(8):700-703.

王果,2009.土壤学[M].北京:高等教育出版社.

王敬贵,刘超群,亢庆,等,2014.北江上游水土流失现状遥感分析[J].人民珠江(3):119-122.

吴运鹏,杨蓉,2021.常山港流域岩性对地貌演化的控制[J].第四纪研究,41(6):1574-1583.

徐岚,赵羿,1993.利用马尔柯夫过程预测东陵区土地利用格局的变化[J].应用生态学报,4(3):272-277.

姚长宏,杨桂芳,蒋忠诚,2001.贵州省岩溶地区石漠化的形成及其生态治理[J].地质科技情报(2):75-78,82.

姚成平,张晓远,郑国权,等,2018.广东省水土流失重点防治区划分[J].中国水土保持科学,16(6):118-123.

殷志强,陈自然,李霞,等,2023.地表基质综合调查:内涵、分层、填图与支撑目标[J].水文地质工程地质,50(1):144-151.

殷志强,卫晓锋,刘文波,等,2020.承德自然资源综合地质调查工程进展与主要成果[J].中国地质调查,7(3):1-12.

袁春,周常萍,童立强,等,2003.贵州土地石漠化的形成原因及其治理对策[J].现代地质(2):181-185.

张凤荣,周建,徐艳,等,2021.基于地学规律的科尔沁沙地土地整治与生态修复规划方法[J].地学前缘,28(4):35-41.

张富元,李安春,林振宏,等,2006.深海沉积物分类与命名[J].海洋与湖沼(6):517-523.

张甘霖,王秋兵,张凤荣,等,2013.中国土壤系统分类土族和土系划分标准[J].土壤学报,50(4):826-834.

张景华,高慧,欧阳渊,等,2018.贵州省黔西县土壤侵蚀敏感性评价[J].中国水土保持科学,16(2):88-94.

张景华,欧阳渊,刘洪,等,2021.基于主控要素的生态地质脆弱性评价:以四川省西昌市为例[J].自然资源遥感,33(4):18-36.

张鹏,张华,冯新斌,等,2016.汞的树木年轮化学研究进展[J].地球与环境,44(1):124-129.

张腾蛟,刘洪,欧阳渊,等,2020.中高山区土壤成土母质理化特征及主控因素初探:以西昌市为例[J].沉积与特提斯地质,40(1):106-114.

张伟,刘子宁,贾磊,等,2020.广东韶关地区土壤地球化学基准值研究[J].华南地质与矿产,36(2):153-161.

张伟,刘子宁,贾磊,等,2021.广东省韶关市土壤环境背景值[M].武汉:中国地质大学出版社.

朱朝晖,宋明义,覃兆松,等,2004.土壤地质单位的建立与研究:以浙江省为例[J].中国地质(S1):51-61.

朱正治,1995.贵州省降水、径流、输沙的C_v与土壤侵蚀[J].中国水土保持(11):24-26,60.

燧人氏"钻木取火"

远古先民"食果为生"

第五分册『百字文言』

『思辨国文』课程系列